30天完美装修指南

漂亮家居编辑部

著

中国轻工业出版社

图书在版编目（CIP）数据

30天完美装修指南 / 漂亮家居编辑部著 . -- 北京：
中国轻工业出版社 , 2020.6
ISBN 978-7-5184-2970-7

Ⅰ . ① 3… Ⅱ . ① 漂… Ⅲ . ① 住宅 – 室内装修 – 指南
Ⅳ . ① TU767.7-62

中国版本图书馆 CIP 数据核字 (2020) 第 068688 号

《30天完美装修指南》（原书名《快速、省钱、精准！ 60天搞定居家装修》）通过四川一览文化传播广告有限公司代理，经台湾城邦文化事业股份有限公司麦浩斯出版事业部授权中国轻工业出版社独家发行，非经书面同意，不得以任何形式任意重制转载。本著作限于中国大陆地区发行。

责任编辑：巴丽华　　　责任终审：劳国强　　责任监印：张京华
版式设计：奥视读乐　　　封面设计：王超男

出版发行：中国轻工业出版社（北京东长安街6号，邮编：100740）
印　　刷：北京博海升彩色印刷有限公司
经　　销：各地新华书店
版　　次：2020 年 6 月第 1 版第 1 次印刷
开　　本：710×1000　1/16　　　印张：11
字　　数：200 千字
书　　号：ISBN 978-7-5184-2970-7　定价：58.00 元
邮购电话：010-65241695
发行电话：010-85119835　传真：85113293
网　　址：http://www.chlip.com.cn
Email：club@chlip.com.cn
如发现图书残缺请与我社邮购联系调换
180811S5X101ZYW

Contents / 目录

12道步骤照表操课
快速学习

Step 0 计划阶段

开始装修之前，居家现状检视

任务1 全面检视，明确需求，评估装修成本 P11

Step 1 计划阶段

选择全家人都爱的家居风格

了解各种风格，确定自家风格 P19

Step 2 计划阶段

居家空间需求检测

全面检视，评估全家人的装修需求 P31

★阶段性任务验收

Step 8 Day1-5

编列装修预算

任务9 精准列预算，谨慎签合约 P99

Step 7 装修设计

6大进阶装修为空间加分

任务8 全室装修细节把控 P79

★阶段性任务验收

Step 9 Day1-5

签对合约才有保障

任务10 列预算，签合约 P107

★阶段性任务验收

Step 10 Day6-20

正确选材，免花冤枉钱

任务11 选择合适的建材 P115

★阶段性任务验收

★阶段性任务验收

使用说明

在装修房子的过程中，会遇到各种复杂琐事，如果事前没有做足功课，且不具备装修基本知识，很容易造成时间和金钱上的浪费，在与设计师或施工方的沟通时，也很有可能出现沟通不畅的状况。因此，在装修前充分了解装修流程，是决定了整个工程能否迅速、准确完成的关键！

每个步骤的重点事项，数字序号列贯穿全书，安排在单元起始处，以方便阅读。

全书将装修流程分为30天，清楚记录每一步骤所需花费的时间与先后顺序，安排在左页，查阅更顺手。

全书共分"精准装修TIPS"、"快省准小百科"、"这样做最省"三种提示框，为读者提供实际操作时的重要提醒。

16 装修评估与行情了解

自己装修到底行不行？只要检视自己的能力或条件，再做评估，要完成居家改造梦想倒也不是件难事，但不管是找设计师还是自己来，都一定要做足功课，这样才能避免赔了钱又惹了一肚子气的事情发生。

除了屋况的考量外，若想要自己发包工程，专业能力的评估也很重要。千万不要以为装修就是把工程发包下去，再来监工、验收就好了。装修是依赖专业能力及时间来完成的一件事。

最难突破的时间压力

所谓的时间，包含了你自己有没有时间去处理装修可能发生的种种问题及突发状况，以及房子的装修有没有时间限制，时间可能还会影响装修费用的支出，这些琐碎的事都是想要自己装修的人必须要考量的。

重要的工程时间不能省

装修工程通常得花上2~3个月的时间，有的甚至长达半年至一年。任何工程都需要花一定的时间来进行，若自己是外行人，花的时间一定比专业设计师长。若有搬家压力，例如一个月内原来的房子房东要收回，或是要节省房租等额外费用的支出，最好还是找设计师。

装修工程有时长达1年，一定要找到值得信赖的施工方才能将时间成本减到最低。

精准装修 TIPS

好施工方哪里找？
可通过亲朋好友介绍，最好先了解施工方实际完成工程的状态、服务过程的沟通互动。此外，网络社群及专业书籍也能提供相当丰富的资讯。

本书首创日志形态的施工装修计划，化繁为简，将各种琐碎而又不可遗漏的项目进行归纳，并按照工序提醒读者每一环节的重要事项。各重点环节采用图解说明，主要错误点以插画形式提示，阅读起来一目了然，帮助读者用快速、省钱且精准的方法搞定装修大小事项。

本书共分12个步骤，各步骤依装修工序排列在每个页面右上角清楚呈现。

Step4 装修找对人，品质有保障

■ 4大原则评估自我装修实力

①会不会规划平面图？

平面规划能力不只是画图的能力，还包含空间配置的观念，例如客厅面宽要4米以上才好用，还要有尺寸的概念如抽屉的深度等，不要以为差1厘米没什么，差1厘米就有可能连抽屉都拉不出来。不过，现在有一种专门画平面图的公司，可以请他们协助画平面图及工程施工图等，方便你跟施工方沟通。

③有没有发包工程的能力？

装修工程牵涉的工种相当复杂，而且每一个工程的衔接都有其顺序，若弄错顺序不但可能造成工程失误，还会多花冤枉钱，若完全不懂工艺，有时工人做错了也没办法辨识。当然不是要求每位房主要像设计师一样专业，但要有装修知识的基本概念，最好是有可信任的施工方可以协助，也可找一些装修的专业书参考。

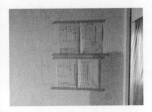

②是否了解施工难易度？

施工的难易度也是重要的考量，一般性的工程如粉刷、铺地砖等，多数施工方都可做得到；但若是特殊的施工，如圆弧形的书柜或是多种材质的结合，多数施工方不是做不到，而是他们怕麻烦，因此多半都会要求你改设计，或是假装自己不会做。所以若要自己装修，施工内容最好不要太复杂，省得不懂施工技巧又被工人花钱找罪受。

④有没有可自由运用的时间？

装修项目非常繁琐，小到一个五金件都要自己去张罗，更不要说监工、验收等大事。挑建材及监工都很花时间，建材也许可以等下班或假日再去挑，但监工得天天看，工人上下班的时间跟上班族差不多，你下班、他也下班，很多事无法当面说清楚就容易有纷争，需要花的时间成本不少，所以最好要有可以自由运用的时间。

使用说明

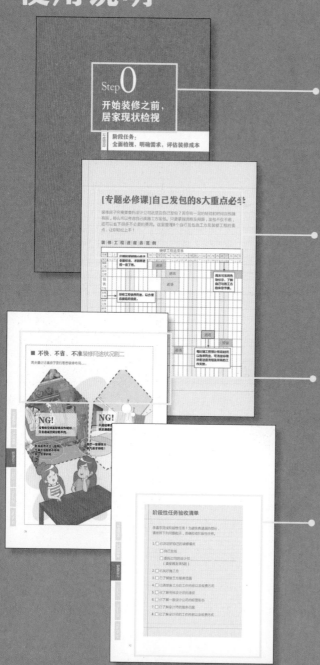

篇章页
在步骤开始前设计独立页面，清楚记载工程预估时间与工序，同时注明阶段任务，帮助读者了解此步骤的目的与方向。

专题必修课
装修之时所有房主都必须要有的概念，本书特别将发包过程与建材知识收录其中，一次补足必备知识。

NG同剧
装修过程中什么工序能省、什么工序万万不能省，本书以趣味漫画呈现装修过程中的失败教训，让读者清楚了解每个环节的重要性。

任务验收
本页面附在每个任务文末，帮助读者重新确认装修过程中是否有所遗漏。

Step 0

开始装修之前，
居家现状检视

计划阶段

阶段任务：
全面检视，明确需求，评估装修成本

01 新房轻装修最划算
02 旧房装修掌握动线是关键
03 老房新皮，打底保安心

01 新房轻装修最划算

若选择入住新房，那么挑选房子时除了考虑地点、价位、户型等基本需求外，也应把室内装修一起考虑进去，挑选自己喜欢的格局，再做细节的微调整，否则等购买后再大兴土木，不仅耗损新房的崭新建材，也相当不划算。

新房的特色在于房子成交后可以马上入住，一般来说，除非房子所在的地点太吸引人，或此房子有非入手不可的理由，否则很少人会买了新房之后，又大兴土木、大改格局。在挑选房子的同时，就应考虑房子内部的格局、动线是否符合全家的需要，也要挑选自己喜欢的装修风格，这将比交房后再大兴土木改造来得更经济省力。当然要找到百分百符合需求的房子并不容易，新房局部的调整修改其实相当常见，如将临客厅的房间规划为书房，或以玻璃取代隔间墙以放大空间感等，都是房主常有的需求。

在全新屋况的条件下，新房装修的目的主要在于功能的满足及风格的营造。也因为屋况新，房主在装修时并不一定要选择传统木作（指木工定制家具），如有经济考量，也可从组合家具装修着手，随着时代演进，组合家具的样式也越来越多元，搭配各种加工方式，也能呈现如木作般专属订制的质感。

组合家具搭配特殊加工，通常也能达到如木作般量身定做的效果。

这样做最省

少用五金
组合家具更省钱
组合家具的计费方式与一般木作不同，组合家具的计费除了柜子的本身板材外，五金及门片都是另外计费，想要更省钱的使用组合家具，可以用开放式收纳柜的设计概念，不做门片且不用过于复杂的五金。

■ **新房**装修重点提要

①多运用现有的建材设备

新房中的建材与设备几乎都是全新，但如遇不满意想改装的话，不仅仅是一种资源浪费，而且必定会产生一些额外的费用，如拆除费、清运费以及重新装修费用等，林林总总加起来的费用往往超乎想象，甚至可能是装修费用的一倍以上。

②装修要省钱，避免动隔间

除了多运用现有的建材设备外，若隔间不符合需求，要改装得花上一笔不少的费用，想省钱装修，就要少动隔间。

③厨房浴室需特别避开

厨房及浴室的移位，得动到水管及电路，其工程浩大，而且开发商所附的建材以及设备一经拆除，就得要重新更换，所花费用将比一般两个房间打通的成本还高。

④善用家具营造空间风格

不一定要大动土木装修，可运用家具主导空间风格，依自己喜欢的风格选择家具布置空间，反而更能营造出空间的风格，而且现在很多家具厂商都可以接受量身定做，比如橱柜类的家具都是直接量好尺寸定做的。

⑤运用布置妆点空间

善用布置的手法也可以为新居营造出特色的风格，布置手法包括了色彩的选择、家具装饰的摆设、灯饰的点缀及布艺（如窗帘、桌巾、抱枕等）的运用。其中色彩及灯饰是最容易突出效果的，不妨选择一面主墙，做不同颜色的变换，可选择自己喜欢的颜色，但要注意：搭配的家具、布艺的色彩最好与主墙是同色系。

⑥选择组合家具省时省工

木作是精装房装修费用中，花费最大的工程，若想要达到省钱装修的目的，就要减少木作预算。除了以订制家具代替木作外，也可运用组合家具，有些组合家具不仅价格比木作便宜，而且可缩短工期，省时又可省工。

若想要达到省钱装修的目的，选择组合家具施工期短，省时又可省工。
图片提供©有情门

02 旧房装修掌握动线是关键

旧房的格局、景观、社区状态是现成的，所以不会买到跟自己期望落差很大的房子，且价位通常低于同区段的新房，只是选购旧房前需格外严谨，以免买到投资客转手的"粉饰屋"。除此以外，整修前的检查格外重要。

计划阶段

人员准备

装修设计

Day1-5

Day6-25

Day26-31

装修旧房，包含水电、建材等基础工程应列为最优先考量。基础工程完成后，再来考虑装修，不论是旧房或是老房，房子的老化问题通常是要彻底解决最重要关键，否则可能发生才装修没几年，漏水、壁癌等房子结构性的状况便一一浮现的窘境，到时再来打掉重做，不仅白忙一场，更耗时耗力。

一般来说，旧房通常以15年作为分水岭，房龄4～15年为旧房，未满3年则为新房，而超过15年者则归类为老房。以旧房而言，除非有明显问题，否则基础工程不用动太多，将地板、天花板以及墙面重新粉刷，再更新厨卫设备，就能使旧房焕然一新。若是15年以上屋子通常归类为老房，需要注意基础工程；注意电力负荷容量及电线老旧问题，以免电线走火。房龄超过20年的老房，老旧问题更为重要，水电及燃气管线最好全部换掉，避免管道生锈、堵塞或破裂。

0年	1～3年
毛坯屋 可预先调整空间属性，较容易变更格局	**新房** 交房前谨慎选择，交房后不宜更改格局动线

4～15年	15年以上
旧房 详细检查全屋老化问题，地板、天花板以及墙面重装，更新厨卫设备	**老房** 详细检查全屋老化问题，水电及燃气管线最好全部换掉。

精 准 装 修 TIPS

旧房或老房的天花板常有凹凸不平、不易找平的问题，此时可选用板材修饰就能让天花板靓丽如新，板材修饰还能埋灯座，藏灯管、冷气管、电线等管线，让管线不会出现在生活空间的视野中，室内环境看起来也会很干净。

特殊板材能让墙面焕然一新。图片提供◎南邑设计

■ 旧房装修重点提要

①强调基础工程

旧房、老房的问题多，装修费用就必须花在刀口上，避免不必要的浪费，该解决的问题一定不能忽略，因此多注重在基础工程，强化房子"体质"。

②解决漏水、壁癌为先

无论自住或出售，若有漏水、壁癌等问题，因牵涉层面大，一定要优先处理。

③尽量避免"乾坤大挪移"

设计装修最基本的原则就是切忌房间的移位，尤其是卫浴、厨房，一旦移位，就会增加水电工程的费用，而且排水管线的移位只要施工稍不注意，日后可能会造成漏水。

④拆除时不可拆梁柱及承重墙

梁柱及承重墙对建筑物本身有支撑、承重的功能，基于安全上的考量及法规的约束，是不得任意破坏的。如果需要动到结构体部分，必须经由物业同意后才可以施工。

⑤总电量要配足

现在的家电用品越来越多样化，相对地用电量也大幅增加，每一回路的用电分配都不可忽视，如果是20年以上房屋，所用的配电箱最好换成无熔丝开关，较为安全。

⑥做好木作防虫处理

木作最好使用经过防虫处理的材料，一般的材料都有防腐处理，却未必有防虫处理，使用经过防虫处理的材料，可以减低日后遭虫蛀的概率。

⑦浴室、阳台、外墙防水作足

只有做足防水才不用担心漏水渗水的问题，尤其是容易被忽略的窗台防水工程。在旧房改装时，如需换外窗则应于外窗安装前后，各做一次防水，这样才是最有保障的做法。

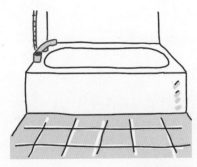

插画提供©黄雅方

⑧拆除瓷砖需彻底

瓷砖拆除后都会留有一层原来贴砖的水泥层，接下来才是砖块或钢筋混凝土。拆除瓷砖时应一并拆除水泥层，这样可以减少日后瓷砖剥落的可能，而且重新打底时可避免墙壁过厚，从而增加使用的面积。

03

老房新皮，打底保安心

老房是购房族在选购房产时的选项之一，虽然可能价格比较优惠，但却要面对较高的装修成本，除了购买前需仔细评估，购买后也需彻底做好基础工程的维护，这样才能安心居住。

计划阶段

人员准备

装修设计

Day1-5

Day6-25

Day26-30

老房房龄一般15年以上，此类房装修时维护全家的居住安全则是首要重点。超过20年的老房，材质多半老化，基础工程的装修花费，就成了首要重点，这个环节若偷工减料或草草敷衍，都可能造成之后居住的问题。

老房装修预算这样抓
老房装修费用通常可依每个基础工程的占比（如右图）粗略推算，以房屋的平方米数乘以1400~2800元，结果大约就是应准备的基本工程款。

监工、设计费预算这样抓
监工费、设计费有以面积计价，也有依总工程款的百分比计算。一般来说，在整体预算的比例上，设计费约为总工程款的5%～20%，监工费则是3%～10%。

老房基础工程占比图

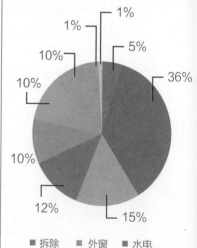

1%
1%
5%
36%
10%
10%
15%
10%
12%

■ 拆除　■ 外窗　■ 水电
■ 泥作　■ 油漆　■ 清洁
■ 木作　■ 空调　■ 玻璃

■ **老房**装修重点提要

①根治壁癌，就要拆除墙面

水气渗透墙面通常是壁癌形成的主要原因，长期累积的水气、水泥跟空气产生化学作用，导致墙面漆凸起、剥落。根治时需要敲掉有问题的墙面直至见到红砖为止，重装时需要重新涂上防水层才能一劳永逸。

②燃气管须定期更换

连接燃气出口至燃气炉或热水器的塑胶管会老化，一般2~3年就要更换一次，需要请专人操作。

③老旧电线全面更换

电使用状态超出旧有导线的负荷时，会造成电线升温，使绝缘外皮老化或破损，形成重要隐患，建议电线使用15 ~ 20年就应全面更换，预防电线负荷量过高导致危险。

④铁制水管易腐蚀

20年前的老房基本都使用铸铁管，若从来都没有更换过管线，铁管年久易锈、渗漏，如不即时更换，将可能影响用水的品质。

⑤注意梁柱的裂缝走向

老房墙面常有因地震或施工不良产生的裂缝，若裂缝过大至钢筋裸露，裂缝出现在梁柱下方，或墙面呈现表格式裂痕，都应尽快找专家固定、修复。

⑥钢筋外露需先除腐再修补

导致老房墙面钢筋外露的主因，多半是湿气造成，而致使湿气过重的原因通常是建筑物的户外防水措施有漏洞，或本身就有漏水问题，致使钢筋受潮，在确认钢筋生锈的源头后，一定要先进行除锈，再外层包覆补平。

老房子装修需特别注意管线及钢筋外露等问题。

计划阶段
人员储备
装修设计
Day1-5
Day6-25
Day26-30

■ **不快、不省、不准**装修囧途状况剧一

没有充分考虑装修、没有充分了解屋况，就买了旧房子……

插画提供©Left

Step 1

选择全家人都爱的家居风格

**阶段任务：
了解各种风格，确定自家风格**

04 居家风格检测

许多人在装修之初最头痛的是："我想要一个什么样的居家空间？"尤其居家风格种类众多，如何才能同时满足全家人的喜好，这是在挑选适合自己的风格之前的重要考量。

绝大部分的人对于"居家风格"认知模糊，因此说不出明确的需求，对于完整的风格也无法掌握，结果全部交由设计师规划，最后才发现不喜欢。想想装修好一个房子最少也要住5年以上，若不喜欢，还真是一件令人遗憾的事。

复古、多元的居家风格

居家常见的乡村风格里，可以找到较为自然的元素，在空间上会使用相同风格的材质；而古典风则必须多花费一些心力去关注装修上的细节，特别是与具有历史价值的家具搭配时的考量；另外，以黑白灰色系为主的工业风，时常以裸露的管线、原始的水泥墙面来增添其特有的粗犷氛围。

随兴、简约的欧美风格

由于美式风格与北欧风都走简约路线，时常被拿来相提并论，但其实美式风格多了几分随兴与自在，很容易在居家看到自由奔放的影子；而北欧风除了简约之外，通常以自然材质与轻松造型的家具为主轴，以突出明亮、平静、简洁等氛围，展现北欧人喜欢慢生活的情调。

追求无境界的生活风格

近几年兴起的无印风（日本品牌"无印良品"引领的一种家居风格，突出自然，简朴和实用）、自我风格等，其线条简单的家具造型，在空间上没有特别需要强调的装修氛围。而无印风其实是极简风格的呈现；自我风格则是需要一些个人特色作为布置时的重点表现。两者听起来随兴，但要有整体感却不是一件容易的事。

精准装修 TIPS

风格属性适合全家一起决定
尽管室内居家风格包罗万象，但风格的决定极为主观，建议装修前全家人要一起参与讨论，并广泛了解各种风格的定义及适用性，随时收集符合自己风格需求的图片也能帮助家人及设计师更了解你偏好的风格。

计划阶段

人员准备

装修设计

Day1-5

Day6-25

Day26-30

■ 自我检测 居家风格测验

怎么找出全家人皆适合的居家风格？以下所列项目可以帮助理清个人的风格喜好，请依实际状况在□打"√"，最后可作为确定风格的参考。

①质朴乡村风

空间特质指数

☐ 热爱原木材质空间

☐ 可以接受粗犷的材质

☐ 喜欢不落伍的自然空间

☐ 居家面积大于80平方米

☐ 喜欢在室内摆放家居饰品与盆栽

房主个性指数

☐ 向往自然感、田园风的生活

☐ 喜欢且愿意花时间种花养草

☐ 对于特定异国风格情有独钟

☐ 喜欢无拘无束的生活方式

☐ 特别喜欢乡村风格家具

---

②古典奢华风

空间特质指数

☐ 喜欢温暖而丰富的空间色调

☐ 热爱充满历史文化气息的居家情调

☐ 装修预算充足

☐ 家具保养不是问题

☐ 居家面积大于130平方米

房主个性指数

☐ 对于富有古典韵味的家具情有独钟

☐ 喜欢旅行，特别是去欧洲地区旅行

☐ 希望与人分享经典居家风格经验

☐ 有要符合身份地位之考量

☐ 没有居家打扫的顾虑

图片提供◎采荷设计

图片提供◎尚展设计

③复古时髦工业风

空间特质指数

☐ 喜欢黑、白、灰的空间色调

☐ 可以接受粗犷风格例如裸露的管线、
水泥墙面

☐ 不想花太多预算在硬装上

☐ 热爱金属制品与皮件，
也喜欢复古家具

☐ 空间强调个性与设计感

房主个性指数

☐ 个性大大咧咧，不喜欢计较

☐ 喜欢交朋友、也常在家招待友人

☐ 时常关注新潮的设计品、室内设计

☐ 容易念旧、东西越旧越喜欢

☐ 平日工作忙碌，少有时间打扫

---

④现代美式风

空间特质指数

☐ 喜欢色彩清晰的整体空间

☐ 对于风格接受度高，如美式乡村
风、都会美式风、复古美式风等

☐ 空间氛围让人感觉随兴而自在

☐ 线条简约、有独特的风格

☐ 喜欢朴实的木纹地板、壁炉、百叶窗等

房主个性指数

☐ 接纳多元文化

☐ 喜欢简洁、不复杂的生活方式

☐ 对于现代设计前卫、复古、仿旧等
情有独钟

☐ 对家具喜好偏向现代风格或美式情调

☐ 喜欢开放式的空间生活

---

⑤都会北欧风

空间特质指数

☐ 喜欢自然居家气氛融和现代风格的
空间特质

☐ 偏好暖调的原木、布、棉麻材质

☐ 家具线条简单，使用材质自然

☐ 拥有明亮的采光与通透的空间

☐ 希望有舒适却不要极简的空间

房主个性指数

☐ 居住于都会向往自然生活的上班族

☐ 喜欢接近自然但不擅长种花养草

☐ 不能接受过于前卫或者太过古典的
家具风格

☐ 喜欢家里有度假的感觉

☐ 喜欢悠闲但也重视隐私

计划阶段

人员准备

装修设计

Day1-5

Day6-25

Day26-30

⑥无印自然风

空间特质指数

☐ 不倾向大幅度的更改格局配置

☐ 不喜欢复杂的装饰、木作

☐ 严选素材，不用有害身体的装修材料

☐ 空间运用纯色系，不喜欢太过缤纷、
杂乱的颜色设计

☐ 整体空间除了简约，还有一股自然
风味

房主个性指数

☐ 有主见、喜好分明

☐ 喜欢极简风格

☐ 崇尚回归自然的质朴生活

☐ 买东西不喜欢过多的精美包装

☐ 环保产品的拥护者

⑦独一无二的自我风格

空间特质指数

☐ 不喜欢给居家风格明确的定义

☐ 倾向独一无二的生活感

☐ 用轻装修替代复杂的设计

☐ 弹性功能家具胜于量身打造

☐ 居家面积小于80平方米

房主个性指数

☐ 比起单一风格更崇尚混搭或自然

☐ 不喜欢拘泥于某些原则中

☐ 比一般人更能接受新观点

☐ 比起摆设更重视气氛

☐ 重视性价比更甚于价格

图片提供©浩室设计

图片提供©白金里居

05 质朴乡村风

乡村风格多为旅行中所留下深刻印象，从前常见的乡村风格为美式乡村风与法式乡村风（普罗旺斯风格），近年来，意大利托斯卡纳风格引起一阵旋风，许多人便以电影里的场景作为范本，模拟意大利乡村里的自然、质朴的生活场景。

计划阶段

人员准备

装修设计

Day1-5

Day6-25

Day26-30

挑选贴近大自然的材质

家具的材质与做工保留了原始风味，通常以松木或枫木为主要材质，沙发多为布料，不论家饰还是家具都是自然材质，有些家具甚至有刻意仿古的凿痕与虫蛀的痕迹。

搭配具有自然气息的家饰

小碎花、野花盆栽、小麦草、水果、瓷盘，乃至篱笆中的小鸡、小狗等乡村景色中随处可见的景致，都会是出现在乡村风格家居中的家居饰品图案。

植物色彩妆点空间

各种大自然的色彩，如树林的原木色、地道的牛仔蓝、农场中的青草绿、田野间的小麦白以及原野中的小莓红等，都可营造自然情境。

图片提供◎采荷设计

避免搭配现代感重的家饰

乡村风家具最大的特色是具有岁月沉淀的风味，融和了古典元素。去掉复杂的线条表现，经过时间的洗礼，颜色斑驳的乡村风格别具风味，但易与高度科技化的电器。未来感的亮面材质产生违和，搭配上需特别注意。

06 古典奢华风

古典风格可分为文艺复兴、巴洛克、洛可可、新古典主义等风格类别。若想要强调单一主题空间，必须对当时代的文化艺术有精准的掌握与了解，好的古典奢华风家具在做工与材质上特别细致，具有保存价值。

装修时的木头材质挑选是重点

古典奢华风装修在木质建材的选用上多采用表面光滑，拥有丰润亮泽感的木头材质，例如紫檀木、桃木、红木或胡桃木等。

讲究细节装饰

古典奢华风格多源起于欧洲皇室，非常讲究空间里的细节与雕刻，许多装饰线板与木作装饰物还贴上金箔，这些细节都是呈现原味古典时不能缺少的重要元素。

家饰与布艺为空间提供画龙点睛的效果

古典奢华风在家饰与布艺的搭配上也很讲究，价格较高，在预算分配中，这部分费用最少要占$\frac{1}{4}\sim\frac{1}{2}$的装修预算，这样风格的完整性才不会受影响。

图片提供©大湖森林设计

线条与比例影响风格效果

古典风格讲究皇室工匠的艺术造诣，加上家具本身的线条极为复杂，两者搭配后，在空间装饰上线条与比例的拿捏显得特别重要，运用上须格外留意。

07 复古时髦工业风

工业风其实非常多元，除了一开始兴起的Loft工业风、复古工业风，还有与最近较多设计师运用的美式混搭工业风等，这些风格将粗犷、简约的工业风格，转化成拥有多元面貌的独特境界。工业风通常被预算较少的房主偏爱，这种风格装修从简却又能让空间有设计感。

计划阶段

人员准备

装修设计

Day1-5

Day6-25

Day26-30

"裸露"成为特征

不管是家具、灯具的选用，还是墙面、天花板的装修，都能以裸露为特征，裸露的电线、原始的水泥墙面，甚至没有吊顶的天花板，直接暴露在外的横梁等，这些裸露是工业风的一大特征。

家具越旧越有味道

在复古工业风当中，所有家具都具有复古风格，家具越旧、越斑驳，越有味道。

运用金属制品与皮件点缀

工业风所配置的复古家具，时常以金属制品或皮件为主。金属制品大至桌椅、浴缸，小至金属骨架的灯具、窗框等；而皮件通常选用具有磨旧感的经典色沙发。

图片提供©隐巷设计

色调单纯但设计却不能死板

工业风通常脱离不了黑、白、灰色系，因此常运用上不上漆就可保留灰底原始色调的装修，作为整体空间的主要色系。如果装修真的需要上漆，颜色的选用则格外重要，通常选用色阶相近的黑色系或白色系，用纯色调来为整体设计增加简约、时尚之感。

08 现代美式风

美式风格分为美式乡村风、都市美式风、仿旧loft美式风等几类。整体空间都微微透露出时尚的现代感及简洁的设计。

随兴自在的独特氛围

美式风格虽然展现出多元化的设计方向，但在众多美式风格的之中，都能感受到独特的随兴自在的轻松氛围。

色彩清晰的明亮空间

此风格多以浅色、单一色调作为空间表现，特别强调明亮的空间感，具有让空间放大的视觉效果，特别适合小空间运用。

"少即是多"的家具配置概念

不需要满满的家具物件，可挑选单件设计师作品即可展现空间特质，例如造型简单的浅色双人沙发，搭配色彩鲜艳的设计师单椅作品，即可展现风格。

图片提供©浩室设计

隐藏式收纳规划

为了强调降低视觉干扰，在现代美式风格的空间里，收纳功能的规划必须适当隐藏，以站在空间中尽量看不见柜子与电器线路为前提，包括柜子把手与门片的设计等细节都要特别注意。

09 都会北欧风

现代人生活在忙碌的都市丛林，离不开便利的现代生活方式，却又渴望呼唤原野的自然气息。如何在同一个空间当中融合两者，获得真正舒缓的居家环境，那么可以考虑都会北欧风格，这种风格既具备现代风格的简便，又带有度假般的北欧自然风味，让回家更开心。

家具线条简单，空间色调温暖

简约的空间搭配温暖的色调，分别透过灯光的配置，墙面的色彩，家具的材质呈现，融合出都会与度假般的居家空间。

大量使用地毯或木地板

都会北欧空间强调触感的舒适性，特别喜爱使用区域性地毯。另外，木地板给人质朴与自然的印象，特别受到都会北欧风格爱好人士的喜爱。

融合都会时尚与度假风格

北欧风简约、不做多余装饰，反而呈现出简约的时尚感。而北欧风居家内部设计中非常强调宜居性，让人一回到家就如同来到北欧度假般轻松惬意。

图片提供©白金里居

家具材质自然、简洁

北欧人热爱大自然，所以在家具挑选与搭配上，以自然材质（如原木、布料等）作为首选；并将简洁的线条与色彩套用在整体空间里，这样设计才能不过度矫饰且更贴近大自然。

10 无印自然风

无印风并不单指知名日系品牌，而是取其简约自然的精髓，将整体设计一切从简。运用大地自然色系，打造纯天然的居家风格。

大地就是我家

极简的自然风格，最适合搭配温暖的大在色系。从天花板到地板，让人仿佛置身在大地之中。再借助明亮的光线，让室内永远像春天般有和煦的阳光温柔照射。

落地窗不是必须却是加分项

明亮的空间，通透的落地窗，让阳光能防尽情地洒下。虽然落地窗不是无印风的必须，但加分的效果却超乎想象。

没有品牌，自成品牌

无印即是没有品牌之意。所有装修设计中，不一定要用名牌产品，简约的设计风格会引领无印风呈现。这样无添加的自我风格，反而在室内设计风格里独树一帜。

图片提供©有情门

借家具达到画龙点睛的效果

追求素雅的无印风绝对少不了原木家具，书柜、书桌、衣橱、座椅等家具的木纹呈现将更能展现简约感。而布沙发是经典家具，纯白色系、大地色调为其基础配色。

11 独一无二的自我风格

不少人在装修房子时，最先考虑的就是自己喜欢什么，想要什么样的风格。但时间一久，人们发现一些简朴却能自然呈现一家人特质的空间更历久弥新。因此有些人便开始以自己的风格呈现自我对空间的概念，且称之为"自我风格"。

明确自己想要的风格

明确自己喜欢的风格。不妨先浏览装修相关的网站，收集自己喜欢的图片，再展现给设计师，这样设计师可以一眼看出你想要的风格。

创造清爽素色空间

虽然自我风格并不局限每个房主的室内用色，不过白色或淡色系已然成为越来越多家庭的主色，这样的素色不仅可让空间看起来宽敞，还能给人整齐的感觉。

严选物件，剔除自己不喜欢的物品

自我风格传达的就是一种不趋炎附势的概念，因此避免使用不符合个人喜好的家饰，就算花费大把时间，也要买自己真正喜欢的东西。餐桌、冰箱、床铺、收纳架等，都要配合这个挑选原则。即使是小小的餐具，也可能大大影响整体视觉效果。

图片提供©南邑设计

以白取代黑更具生活气息

除了不方便油漆的天花板之外，墙壁、门、门框与窗框等，若以白色取代黑色，能给人更亮眼的感受这样局部家具不论是深色系还是浅色系，都能轻松地将房主的风格表现无遗。

Step2

居家空间需求检测

12 了解家人的生活习惯

确立了风格之后，即将进入装修设计阶段，然而在这之前，还必须先理清家人对于居家空间的有哪些需求，这样才能进行精准的规划，让每一个设计都符合家庭成员的需求，真正贯彻起来舒适、用起来顺手的"好家"概念。

计划阶段

人员准备

装修设计

Day1-5

Day6-25

Day26-30

不管是设计师还是施工方都不是真正的居住者，虽然比起房主他们都更具有空间或工程的专业性，但也只能就常态性的需求做出规划及建议，如客厅要有电视柜，餐厅要有餐边柜，厨房不适合使用木地板等，其他都需要靠房主自己向设计师或施工方提出。如何找出居家空间的需求？除了考虑自己外，别忘了还有其他家庭成员的需求也要一并考量。

了解房屋状况

身为房主，一定要非常了解自己的房屋状况，才能将正确的情况转达给设计师、施工方，让他们能对症下药，提供合适的方案。

了解家人生活习惯

居家空间的设计绝对不是制式化，而是必须根据居住者的习惯有所变化，例如喜欢下厨的人，可能需要等同于客厅的餐厨空间；有年长者或小朋友的家，则需要特别注意浴室地面的防滑，是否需要加装暖风机等。另外，如果有宠物，也需将此"家庭成员"考量进去。

空间功能&收纳需求

空间功能包含动线的使用与格局的配置，但最重要还是收纳功能。在装修前先将自己所需要的收纳物品列表，例如有多少双鞋子？有多少书籍？衣服是以吊挂还是平放为主等，都能让设计师针对收纳需求，规划出最符合使用习惯的收纳空间。

家中若有宠物，室内装修和家具也应将宠物的需要考量进去。

■ 记录空间需求

在开始装修房子前，先把想法及需求整理出清单，这样有助于与设计师或施工方进行沟通，而且自己也可以翻阅，避免与专家沟通时忘东忘西。

不论是新房还是老房，首先要彻底观察防护状况，再依据居家的状态，以及自己与家人们的装修需求，将相关条件一一列出，并随时带在身边，这样可以更系统地整理出需求来，经过仔细考量所规划出来的空间，能最大限度地满足将来实际的生活所需。

■ 明确列出居家装修需求项目

居家装修项目	
房屋状况	房龄、房屋结构、已有装修、有无固定装修／家具
家庭人口组成	单身／新婚／大家庭等
居家风格	乡村／古典／工业／美式／北欧／无印／自我
格局要求	阳台、玄关、客厅、餐厅、厨房等
居家嗜好	各式娱乐
烹饪频率	餐餐必煮、经常、偶尔
功能要求	重视收纳、重视风格、重视空间等
家具搭配	全部更新、部分更新、沿用既有家具
最重视空间	玄关、客厅、餐厅、卧房、书房等
照明需求	间接式照明、主灯式照明等
阳台需求	观景窗、庭园设计等
玄关需求	鞋柜、展示柜、穿衣镜、穿鞋椅等
客厅需求	电视柜、书柜、展示柜、音响柜等
餐厅需求	圆桌、方桌、餐边柜、展示柜等
厨房需求	开放式、半开放式、封闭式、吧台等
浴室需求	浴缸、淋浴间、干湿分离等
主卧需求	电视柜、衣橱、更衣室、化妆台等
书房需求	书桌、书柜、床位、电脑桌等

主要空间装修项目	
玄关	收纳需求、收纳位置、收纳形式、其他功能需求等。
客厅	
餐厅	
厨房	
卧室	
儿童房	
老人房	
书房	
卫生间	
阳台	

阶段性任务验收清单

恭喜您完成阶段性任务！为避免有遗漏的部分，
请依照下列问题指示，准确验收阶段性任务。

1. ☐ 所需的装修费用已完成评估

2. ☐ 新房：已考虑好格局及装修调整

   ☐ 旧房：已检查好房子老化的相关问题

   ☐ 老房：已仔细评估各项基础工程与维护需求

3. ☐ 已确认全家人想要的风格：＿＿＿＿＿＿风

4. ☐ 已找好风格范本

5. ☐ 已决定好设计师或施工方：

姓名＿＿＿＿＿＿、电话＿＿＿＿＿＿
6. ☐ 已确认好居家空间需求

Step3

装修找对人，
才能快省准

阶段任务：
找准装修合作伙伴——设计师

人员准备

13 师傅还是设计师?

明明只能隔成三房的空间,硬是变成四房,增加了装修的难度。很多空间格局因需求不同必须经过调整,而格局调整及施工都有其专业性,必须先找设计师进行专业评估后,才能找施工方实施。

计划阶段

人员准备

装修设计

Day1-5

Day6-25

Day26-30

屋况的好坏影响到空间规划及工程的复杂度,若格局符合需求,不需要大兴土木或更换水电路,且预算有限、自己有兴趣、有时间的话,也可选择自己装修。但装修毕竟需要时间及专业知识,若时间实在无法配合,或是不具备装修的专业知识,最好还是找设计师才能达到事半功倍的成果。除此之外,有些房子的屋况比较复杂,也最好请设计师来装修。

需要找设计师的13种情况:
①自己是自由时间不够的上班族
②房主本身没有装修经验
③装修空间并非一般住宅
④偏好特殊设计及建材
⑤对施工品质要求颇高
⑥喜欢特定的风格
⑦房龄太老
⑧结构有问题
⑨格局需要大动
⑩面积太小或特殊空间
⑪室内格局怪异
⑫房子的问题很多
⑬现有格局不符合需求

商用空间的格局及设计需求不同于住宅,最好委托设计师做专业的判断与评估。图片提供©杰玛设计

36

■ 需要找设计师的**13种情况**

①自己是自由时间不够的上班族

装修是非常花时间的，在还没装修前得先搜集资料（包含设计、监工及价格等）并做好功课，一旦工程开始进行，几乎天天都得到工地监工，还得到处去找建材及采买家具等。若是朝九晚五有固定上班时间的上班族，最好还是找设计师。

②房主本身没有装修经验

装修其实是很专业的工作，如果施工方看不懂你所画的图会很难精准施工，更不要说平面配置的能力，如果自己不具备装修专业又没时间了解，还是找设计师比较保险。

③装修空间并非一般住宅

若是涉及专业空间的规划（如视听室、卡拉OK室或是雪茄室等），最好还是找设计师来协助。

④偏好特殊设计及建材

若是偏好特殊设计（如圆弧形的天花板、室内景观池等），以及喜欢使用稀少或新颖的建材，找设计师比较能满足需求。

⑤对施工品质要求颇高

如果对施工品质有极高的要求，最好还是找设计师装修，因为专业的设计师对于材质及工法都很熟悉，有时施工方做不出来的东西，还是得靠设计师解决。

⑥喜欢特定的风格

对于风格有特殊喜好者，尤其是古典风格的偏好者，最好请设计师来掌握风格，稍一不慎很容易"画虎不成反类犬"。

⑦房龄太老

房龄超过20年，且从未进行过任何装修，不仅屋况老旧、壁癌丛生，还有严重的漏水问题，包含天花板、地板、墙面及门窗都得更新的老房，复杂工程最好由设计师把关。

20年以上的房子易有结构老化等问题。

⑧结构有问题

房屋建筑结构有问题，例如建材严重偷工减料，房屋存在严重损伤，或是采光极度不良等。

⑨格局需要大动

现有格局完全不符合需求，需做极大幅度改变及调整。

⑩面积太小或特殊空间

特殊空间是指挑高之类的空间，因为做楼阁不属于建筑原始结构，需要做专业的结构计算及规划；另外，面积太小的房子，因为空间小更要懂得增加平效，若不具备专业能力，会很难掌握空间的利用。

⑪室内格局怪异

并不是所有房屋户型都是方方正正，例如存在多角形、倒三角形、不规则形等奇怪格局，这种房子不是一般人能应付的，最好还是找设计师规划格局。

⑫房子的问题很多

一般房子最容易出现梁柱等问题，若问题不严重的话，可以用包梁或吊顶来解决，但要是已经严重影响到空间感，最好还是寻求专业人士帮助。

⑬现有格局不符合需求

有的格局不符合现有需求，希望再多争取些使用空间，例如三房要变成四房，如何在现在的空间内增加平效？这也需要专业的设计师才能解决。

14 设计公司体制大评比

不同于其他产业，室内设计多依赖设计师个人的能力及专业，即使只有一个人也可以成立设计工作室，但因为经营规模的大小关系着装修成本、流程管理及未来的售后服务，所以在选择设计师时也要多方面考虑。

完整的设计公司包含了设计部门、工程部门、行政财务部门及客服部门，其经营形态可分为个人工作室、小型设计公司、大中型设计公司及设计集团四大类。

亲力亲为的个人工作室

一般年轻设计师刚开始创业都是以个人工作室起家，但也有资深的设计师坚持以个人工作室形态服务，绝不假手他人，每年只固定接几个案子，以确保服务品质。

小而美的小型设计公司

这种设计公司最为普遍，公司人数通常在5人以下，配置的人力不外乎设计师、设计助理、工务、行政兼财务人员，人力有限，接案量也有限，通常设计是由主持设计师负责。

编制完整的大中型设计公司

公司人数多在5～20人不等，人数越多的公司部门编制通常也越为完整，而且设计部门不会只有一位设计师，有越来越多设计公司认为设计是服务业，还会成立专门的客服部门，专门在处理售后服务的事宜。

资源丰富信誉佳的设计集团

设计集团具有一定规模，通常不只经营一家设计公司，会依装修预算或客户定位而有不同的设计子公司对应服务。部门编制完整，特别是在行政财务及客服比较完善，还有专门的采购部门，负责建材及家具、家饰的采购。

精准装修 TIPS

售后服务不可小觑

装修工程很难一次就到位，即使完工验收了，住进去后还是难免会有小问题要解决。所以找设计师不要只注意风格、价格，日后的服务也很重要。找个有服务精神的设计公司，可以省下不少麻烦。

这样做最省

买对房子装修费用省一半

屋况好坏决定装修费用的支出，同样20年的老房，只要格局符合需求，就可以省下格局调整所需的拆除及重新隔间的费用。如果预算真的有限，在购房时宁可多花些时间找到符合需求的房子，也不要买来后再大动格局。

插画提供©Left

■ 设计公司形态**优缺点比较**

	优点	缺点
个人工作室	若是刚创业的个人工作室，因为只有一个人，服务成本较低，所以设计及监工的收费会较有弹性。但若是知名个人工作室，则收费通常较高，不过从头到尾都是设计师本人在服务。	案量较少，工程及材料的成本通常会较高，但也有很懂得找寻便宜材料及施工方的设计师。因为是个人工作室，万一发生纠纷也较容易找不到人。
小型设计公司	收费较有弹性，不过也视设计师个人知名度而定，有些设计师知名度比较高，没有一定的装修预算不会承接，因为多为主持设计师负责设计，设计品质比较有保障。	若设计案量超过负荷，易造成工期拖延。
中大型设计公司	编制完整，人力也较为充足，因为接案量多，成本相较也较低。	因为不止一位设计师或工务，若主持设计师或负责人管理不当，很容易发生品质参差不齐的状况。
设计集团	资源多，人力充足，设计风格也较为多元，任何问题都有专属部门可解决，服务较为完整；量案多，成本也较低，经验也较为丰富。	若主持设计师或负责人管理不当，很容易发生品质参差不齐的状况。

15 服务范围及收费方式

设计师的收费方式与工作内容，依设计师与房主合作的方式不同而有不同的收费方式。一般设计师与房主的合作依据工作内容共分为以下三种类型。

纯做空间设计

通常只收设计费，在决定平面图后，就开始签约付费，多半分2次付清，设计师必须要提供房主所有的图，包含平面图、立面图及各项工程的施工图，如水电管路图、天花板图、柜体细部图、地坪图、空调图等。此外，设计师还有义务帮房主向施工方解释图面，若所画的图无法施工，也要协助修改解决。

设计连同监工

不只是空间设计还必须帮房主监工，所以设计师除了要提供上述的设计图及解说图外，还必须负责监工，定时向房主汇报工程施工状况（汇报时间由双方议定），并解决施工过程中的所有问题，付费方式多分为2～3次付清。

从设计、监工到施工

这种全流程的服务是一般设计师较喜欢也较常接的类型，因为是从设计、监工到施工一手包办，所以装修出来的空间最能符合设计，而且施工的施工方常与设计师合作，也较了解设计师的设计手法与施工。所以设计师必须帮房主监工，并发包工程、排定工种及工时，连同材质的挑选、解决工程大小事等，完工后还要负责验收及保修，保修时间通常是一年，内容则依双方合约为主。付费方式签约付第一次费用，施工后再依工程进度收款，最后10%～15%的尾款留至验收完成后付款。

精准装修 TIPS

家具搭配也可询问设计师

若把家具搭配全部委托设计师，有些设计师还会再另收费用；若家具是房主自行采购，就可以询问设计师的意见。如果与设计师合作关系良好，有些设计师甚至会陪同房主挑选家具，建议搭配家具之前，还是咨询设计师有关尺寸及配色，这样空间风格会比较完整。

设计师有其服务流程与收费方式，要先了解行情才能掌握。图片提供©白金里居设计

■ 设计师的**服务流程图**

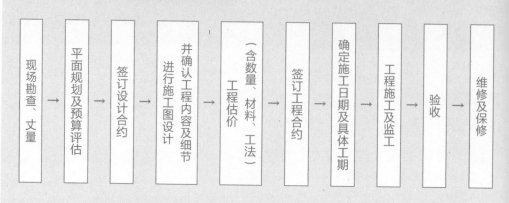

现场勘查、丈量 → 平面规划及预算评估 → 签订设计合约 → 进行施工图设计并确认工程内容及细节 → 工程估价（含数量、材料、工法）→ 签订工程合约 → 确定施工日期及具体工期 → 工程施工及监工 → 验收 → 维修及保修

■ 设计师的**收费方式及内容**

项目	收费方式	备注
设计费	以平方米数计算，每平方米从几十到几百不等；依装修总金额来计算，约10%~20%。	价格高低与设计师的知名度有关，当然知名度越高，收费越高；若工程也是委托由设计师发包执行，有些设计师会将设计费打折，折扣不一定，从5折到8折都有。
工程费	依实际施工的工种及数量去计算。	由于每个设计师找的施工方不同，师傅强项技术也不同，有些木作会比较贵，有些则是泥作价格高，很难做单项的比较，重要还是总金额是否符合房主的预算，还有呈现的工程品质是否符合价值。
监工费	一般监工费用大约占工程总金额的5%~10%。有些设计师会将设计费与工程费合并收取，每个人的计费方式不同。	监工费为委托设计师在工程施工期间代为监工程进行所必须支付的费用，若工程有问题也全由设计师负责解决。

Step 4

装修找对人
品质有保障

阶段任务：
找准装修合作伙伴——施工方

人员准备

16 装修评估与行情了解

自己装修到底行不行？只要检视自己的能力或条件，再做评估，要完成居家改造梦想倒也不是件难事，但不管是找设计师还是自己来，都一定要做足功课，这样才能避免赔了钱又惹了一肚子气的事情发生。

计划阶段

人员准备

装修设计

Day1-5

Day6-25

Day26-30

除了屋况的考量外，若想要自己发包工程，专业能力的评估也很重要。千万不要以为装修就是把工程发包下去，再来监工、验收就好了。装修是依赖专业能力及时间来完成的一件事。

最难突破的时间压力

所谓的时间，包含了你自己有没有时间去处理装修可能发生的种种问题及突发状况，以及房子的装修有没有时间限制，时间可能还会影响装修费用的支出，这些琐碎的事都是想要自己装修的人必须要考量的。

重要的工程时间不能省

装修工程通常得花上2~3个月的时间，有的甚至长达半年至一年。任何工程都需要花一定的时间来进行，若自己是外行人，花的时间一定比专业设计师长。若有搬家压力，例如一个月内原来的房子房东要收回，或是要节省房租等额外费用的支出，最好还是找设计师。

装修工程有时长达1年，一定要找到值得信赖的施工方才能将时间成本减到最低。

精准装修 TIPS

好施工方哪里找？
可通过亲朋好友介绍，最好先了解施工方实际完成工程的状态、服务过程的沟通互动等。此外，网络社群及专业书籍也能提供相当丰富的资讯。

■ 4大原则评估自我装修实力

①会不会规划平面图？

平面规划能力不只是画图的能力，还包含空间配置的观念，例如客厅面宽要4米以上才好用，还要有尺寸的概念如抽屉的深度等，不要以为差1厘米没什么，差1厘米就有可能连抽屉都拉不出来。不过，现在有一种专门画平面图的公司，可以请他们协助画平面图及工程施工图等，方便你跟施工方沟通。

③有没有发包工程的能力？

装修工程牵涉的工种相当复杂，而且每一个工程的衔接都有其顺序，若弄错顺序不但可能造成工程失误，还会多花冤枉钱，若完全不懂工艺，有时工人做错了也没办法辨识。当然不是要求每位房主要像设计师一样专业，但要有装修知识的基本概念，最好是有可信任的施工方可以协助，也可找一些装修的专业书参考。

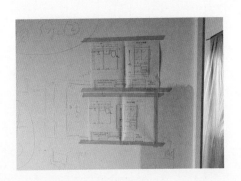

②是否了解施工难易度？

施工的难易度也是重要的考量，一般性的工程如粉刷、铺地砖等，多数施工方都可做得到；但若是特殊的施工，如圆弧形的书柜或是多种材质的结合，多数施工方不是做不到，而是他们怕麻烦，因此多半都会要求你改设计，或是假装自己不会做。所以若要自己装修，施工内容最好不要太过复杂。

④有没有可自由运用的时间？

装修项目非常烦琐，小到一个五金件都要自己去张罗，更不要说监工、验收等大事。挑建材及监工都很花时间，建材也许可以等下班或假日再去挑，但监工得天天看，工人上下班的时间跟上班族差不多，你下班、他也下班，很多事无法当面说清楚就容易有纷争，需要花的时间成本不少，所以最好要有可以自由运用的时间。

[专题必修课]自己发包的8大重点必学

装修房子究竟要委托设计公司还是由自己发包？若你有一定的经验和时间且预算有限，那么可以考虑自己找施工方发包。只要掌握流程及预算，发包不仅不难，还可以省下很多不必要的费用。这里整理8个自行发包施工方及装修工程的要点，让你轻松上手！

装|修|工|程|进|度|表|范|例

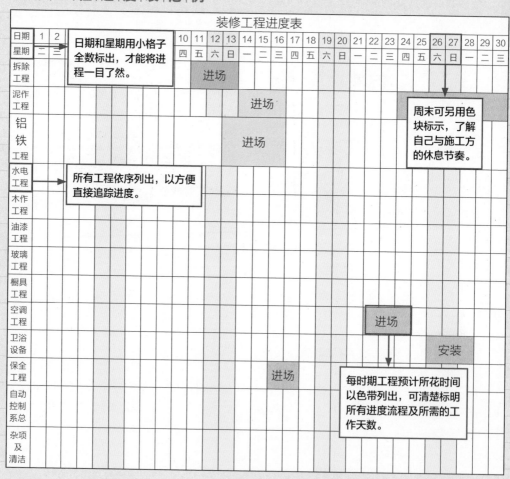

重点①清楚掌握装修工程流程

装修工程有一定的作业流程，若不了解则会造成施工的困难，或是造成拆掉重装、修改等不必要的浪费。一般而言，"先破坏后建设"是最大的原则，从敲墙、清除旧有不需要的东西等工程开始，然后是水电配管工程，木作、泥作、钢铝、空调等工程再搭配进场，最后是油漆、窗帘、家具进入，将所有工程和日期全数列出，再标示装修工程的流程，如此便可以清楚了解全部状况与进度，按部就班地完成。

装修工程进度表

日期	1	2	3	4	5	6	7	8	9	10	11	12	13	14	15	16	17	18	19	20	21	22	23	24	25	26	27	28	29	30
星期	四	五	六	日	一	二	三	四	五	六	日	一	二	三	四	五	六	日	一	二	三	四	五	六	日	一	二	三	四	五
拆除工程																														
泥作工程																														
铝铁工程																														
水电工程																													灯具面板	
木作工程																	丈量												组合柜	
油漆工程																						进场								
玻璃工程																						丈量						安装		
橱具工程																						丈量							安装	
空调工程																											安装			
卫浴设备																													安装	
保全工程														进场															安装	
自动控制系总																														
杂项及清洁																														进场

重点②认识各项工程师傅并建立施工联系群

一间房子的装修，包含很多项工程，例如木作、泥作、水电、油漆、窗帘、空调等，所以在装修前，必须先了解哪些工程要找哪些包工，以免找错人，白费时间和力气。

■最好看过施工方完成作品再做决定： 包工良莠不齐，不管所找的包工是亲朋好友，还是朋友介绍的，最好还是看一下他们做过的工程，充分了解之后再做决定。

■建立各种师傅的联系群： 如果能够建立完整的施工方联系群，势必达到事半功倍的效果。施工方联络群诚如其名，纵的方面要能够跟各个施工方保持畅通的联络，随时掌握状况，横的方面则是各个施工方之间的联络，只要是施工上需要互相配合的工种，其施工方之间皆有彼此的联络方式以及电话，这是最高段位的动工方式，联系沟通到位的话，一星期不用去看现场几次，只要在家靠电话就可以轻轻松松完成任务。

重点③针对自我需求，做好整体规划

自己发包与委托设计师的重要差别，在自己得先做好整体规划，包括格局配置、线安排、色彩、光源、水电管路、材料的运用搭配等，装修师傅只是依照你的指示施工，而且是各做各的工程部分，中间的统一与协调，唯有靠自己事先的整体规划得宜。

■依不同预算决定装修内容： 在预算的拿捏上，最先考虑的是自身的经济状况，建议优先将预算花在必要的功能上，多的再花在美化与修饰上。

■以功能的重视程度决定预算分配： 至于预算分配的高低可依据自己所重视的功能而定，例如一个重视卫浴享受的人，就可以将预算优先用在自动感应马桶、按摩浴缸、蒸汽室等，然后再考虑非必要的家具家电，如此一来，预算的分配上，就要做一番调整。

■空间使用比例与动线规划： 在全面空间改造之前，必须先清楚地考虑到空间使用上的比例，这关系到各个空间的空间感与使用便利。而这得经过观察，依照家人的生活习惯配置，这还牵涉到了一天24小时各空间所使用的频率以及时间，以及一般时段与假日时段之差异等。

重点④勤收资料，多方比较

大部分的读者对于各类装修工程的工法比较陌生，因此，要了解各种工程的施工方式以及价格，其不二法门就是多比较。

■货比三家不吃亏：同一种工程只要找两三家厂商，就可以了解施工方法以及大致的价钱，而且问过第一家之后，第二家就可以用从第一家那所得来的信息反问第二家，到第三家时，你可能已经是行家了！不过，不同的施工方式有不同的价格，通常越费工或是越费材料的方式价格就越高。

■多参考家居设计媒体信息：装修师傅所拥有的是丰富的实践经验，例如对某些柜体的尺寸有所疑问时，可以采纳师傅们的建议。但是师傅最大的问题，就是欠缺美感，因此对于设计及美感的要求，就必须靠自己。多看家居设计类媒体，看到喜欢的就随手存起来，在进行造型与色彩、材料的搭配时，直接拿出保存的图片，与师傅沟通，才不会出现做出来的东西和想象不同的状况。

重点⑤了解建材性质及单位换算

自己发包当然得先对建材有初步的认识，这样一来，和师傅才会好沟通，不仅不会被师傅唬住，还可以互相切磋。建材的认识，除了理论学习外，最好要到建材行走走，实际体会建材的质感与厚度，如此一来在施工时，才能了解师傅用的东西对不对，有没有偷工减料等。此外也要了解计价单位的换算，包工常以"尺""寸""分"来当作计价单位，和我们常用的"厘米""米"是不同的，因此，必须了解其中的换算，才可以得知实际的面积到底花了多少费用。

常用单位换算
1尺 = 30厘米
1寸 = 3厘米
1分 = 0.3厘米

自己发包得懂得与师傅密切沟通。图片提供©多卡设计

重点⑥与师傅无障碍沟通

这点十分重要，因为如果你没法子把你的想法跟师傅沟通，就无法把你想要的实现出来；若用语言沟通可能会有误差，最保险的做法是，将你喜爱的风格、款式、颜色、材料等，找到照片提供给师傅看。

■**打破砂锅问到底：**许多工程有它可以偷工减料的方式，但常常还是有迹可循，例如厕所墙壁贴瓷砖，当原墙壁拆除时，有些人只将墙面瓷砖剔除，而不是拆除至红砖表面，如此一来就省去拆除的费用以及墙面打底的成本，但瓷砖贴起来会比较不平，而且室内面积会减小，所以，未彻底拆除至红砖（未确实打底）→瓷砖重贴形成不平墙面→面积减小。遇到这种问题，不妨先问清楚再施工。

打破砂锅问到底才能得到真正解答。

■**一定要套交情：**其实任何工作都希望能听到赞美，而非批评，如此一来，才会越做越起劲。适时地赞美，以及隔三岔五地采用饮料点心等攻势，对装修师傅来说，心情当然会很好，也会不由自主地想帮你做得更好。这可比努力去监工或验收更有效，甚至在一些你不注意到的小地方，他都会帮你用心去处理！

重点⑦选择适合自己的发包方式

自己发包有两种方式，一是"连工带料"，二是"包工不带料"。现在先来了解一下两者的差异，再决定适合自己的方式。

■**包工不带料，品质有保证：**直接找包工就是为了省钱，而"包工不带料"最节省预算，记得"货比三家不吃亏"的原则，及"以天计资"的包工方式，绝对可以帮你省下低于别人三成的装修费用。

■**连工带料，省时又省事：**"连工带料"是最常见到的发包模式，优点是施工方负责工程所需的材料，在工程烦琐、材料众多的情况下，可省时省力，若管理沟通得当就能保障品质。

重点⑧确定施工天数

为避免施工的时间太长而造成不必要的困扰，通常需要提前与厂商确定工程的天数，并尽量让厂商在规定的天数内完成其既定的工作，如此一来就必须合并使用以下两种方式，才可达到所希望的结果。而事实上工程天数是可以压缩的，一般而言，较有经验的工头，会将不同工种的施工的日期加以重叠，由于其性质不同且不会互相影响，说不一定还可以互相配合，如此，便可以达到最省时省力的效果！

确定自己的需要才能精准选出适合自己的发包方式。图片提供©多卡设计

找专业设计师咨询，也是不错选择！

自己发包因缺少有经验指导，通常必须自行设计规划，要求清楚掌握工序和工程内容，这点常让新手望而却步，其实咨询专业设计师也不失为一个好的选择，让他针对你的需求提供专业的意见（例如最舒适格局、良好动线、工序和步骤等），因不需动用人力丈量和画图，设计师也不介入工程发包，因此一般不会推销一些不需要的工程，咨询费也会比设计费低，房主自己发包时也不会毫无头绪。现在已经有设计师愿意提供这样的服务。

阶段性任务验收清单

恭喜您完成阶段性任务！为避免有遗漏的部分，
请依照下列问题指示，准确验收阶段性任务。

1. ☐ 已决定好自己的装修模式

    ☐ 自己发包

    ☐ 委托公司的设计师＿＿＿＿＿＿ ＿＿＿＿＿＿
    （直接跳至第5题）

2. ☐ 已找好施工方

3. ☐ 已了解施工方服务范围

4. ☐ 已清楚施工方的工作内容以及收费方式

5. ☐ 已了解寻找设计师的途径

6. ☐ 已了解一般设计公司的经营形态

7. ☐ 已了解设计师的服务范围

8. ☐ 已了解设计师的工作内容以及收费方式

Step 5

规划符合需求的
空间格局

阶段任务：
确定装修设计图

装修设计

17 平面格局的配置原则

决定好找设计方或自己发包来装修后，接下来就要进行格局配置。所谓的格局配置，包含空间的大小、房间数、空间规划的位置等，这些都关系着未来生活的便利性，一定要仔细评估后再着手进行规划。

计划阶段　人员准备

装修设计

Day1-5　Day6-25　Day26-30

平面配置的第一步，就是要先确定你想要的空间有哪些？空间可依特性可分为三大类：公共空间、私密空间、附属空间。了解空间的特性，再依照家人的需求及空间大小做平面格局的配置，才能有效运用空间。

确认家人对空间的需求

除非是一个人住，否则都应该把家人的需求考量进去，除了考量个别需求外，空间配置时还有几点需要注意：若有长辈同住，长辈房要离卫生间近；包含卫生间的房间最好有窗户；餐厅与厨房不要离太远；保留后阳台作为洗衣间及放置热水器；减少走道才能节省空间等。

空间需求的取舍要点

针对自己所列出来的空间，再依其重要性做主次划分。可参考以下的重点顺序：客厅→餐厅→厨房→主卧→客卫→小孩房→主卫→书房→玄关→储藏室→衣帽间等。列好顺序之后就可以很清楚地了解，当面积不足时，你应该怎样取舍。

一室多用的概念

如果所列出的空间种类很多，而房子本身的面积并不足以全部容纳，除了设法做取舍外，也可将部分空间规划为"一室多用"，如餐厅兼具书房、和室兼客房等，以此提高空间功能。

精准装修 TIPS

中介空间

所谓的"中介空间"，是指一种介于隐蔽及开放之间的区域，也可延伸为具有此两种功能的空间。

空间不足时常用的取舍顺序

客厅
↓
餐厅
↓
厨房
↓
主卧
↓
客卫
↓
小孩房
↓
主卫
↓
书房
↓
玄关
↓
储藏室
↓
衣帽间

18 看懂设计师的平面图

"平面图"是室内设计最基本也是最重要的沟通媒介，不管是与设计师或施工方沟通，都一定要有平面图，才能清楚知道需求有没有被满足。看懂设计师画的图面非常重要，以下是常见平面图种类。

原始隔间图

设计师在完成丈量后，会先放出空间原始平面图，并标示管道位置及门窗位置，房主可以先找出门窗所在，了解整个空间格局现况。

门窗尺寸图

通常设计师会在门窗位置标上尺寸图。

梁柱尺寸图

梁柱会影响到空间的规划，要先确认梁柱的位置，通常房梁是以虚线表示。

天花板照明图

确认天花板的位置及高度，照明的方式包含灯具的位置及形式。

水电配置图

包含插座、电话、网路、电视出线口的位置及出线口的高度，还有数量。

柜体配置图

确认柜体包含衣橱、收纳柜等位置是否符合需求。

木作立面图及木作内装图及侧面图

木作立面主要是要确认柜子的形式、宽度、高度及材质；木作内装图则是确认柜子内部的设计，包含抽屉、层板等；木作侧面图则是确认柜子的深度。

看懂平面图及代号，是与师傅沟通的第一步。

■ 原始隔间图

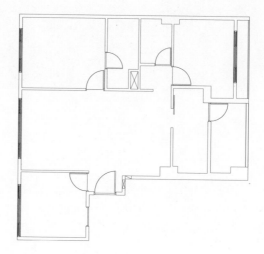

■ 门窗尺寸图、梁尺寸图、天花板照明图

WH：窗高（窗台高＋窗户高）
DH：门高BW：梁宽
BH：梁距离天花板的高度
CH：木作天花板高度
⊕ 吊灯或主灯
○ 吸顶灯
S：开关
A/C：冷气室内机

■ 水电配置图　　　　　■ 柜体配置图

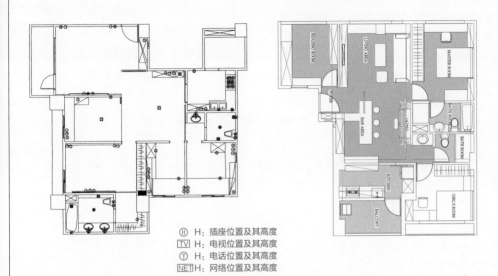

Ⓘ H：插座位置及其高度
TV H：电视位置及其高度
Ⓣ H：电话位置及其高度
NET H：网络位置及其高度

■ 木作立面图及侧面图

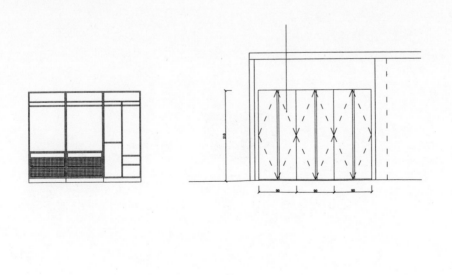

19 用图沟通！平面图自己绘

如果选择自己找施工方装修，不会有设计师帮忙规划平面图，那就得要先学会自己画平面图才行。其实画平面图没有想象中困难，虽然无法像设计师画的那么精准，但作为与施工方沟通的说明也是足够的。

除了得先画出现况平面图外，以"圈圈法"在平面上简单圈出所规划的配置，能清楚明白自己对空间的想法与表达，再依圈出的范围将实际尺寸带入，就能顺利完成平面图的雏形。

手绘平面图前的准备工作
①工具
卷尺（5米长）、笔（不同颜色共3支），纸（A4以上大小）、相机，这些都是测量时会用到的工具，要先准备妥当。

②方格纸、描图纸
除了上述用品，也要先到文具店买方格纸与描图纸。方格纸上面有很多大大小小的方格，利用它来标示尺寸非常便利（两种用纸分别会在以下的步骤5、步骤8会用到）。

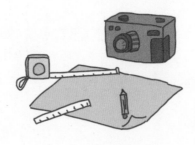

精·准·装·修 TIPS

善用空间规划技巧
和室可以兼做书房、衣帽间，也可以兼当储藏室，而开放式厨房则可以节厨房与餐厅间的走道面积等。上述这些做法都可以增加空间运用的弹性。

■ 手绘平面图9大步骤

步骤①测量时的草稿

先观察整体隔间状况、相对位置,将它大致画在白纸上,要先画出墙厚(用双线),按尺寸画图时比较不会出错。隔间、梁位及测量尺寸用不同颜色的笔标示。

图片提供©陈镕

步骤②测量进行方式

选择一个定点(通常是入口大门旁),依顺时钟方向逐一量出长度(以厘米为单位)并且记录下来。要注意窗户以及门的位置。

图片提供©陈镕

步骤③测量时的重点

梁的高度、深度,窗的高度、窗台高度,以及天花板高度、阳台宽度等,都要详细记录下来,以便日后参考。

图片提供©朵卡设计

详细的记录尺寸是画图相当重要的步骤。

步骤④测量后的拍照

利用相机将整个屋况拍下来,尤其是一些比较奇怪的角落,或是复杂的结构部分。

步骤⑤绘图的顺序

拿出方格纸从草图最旁边的一点开始,先确定所占的大概范围,将你所量得的尺寸,同样依顺时钟方向画在纸上。

除了手绘平面图外,重要的位线及管线装置,也可在墙面上做记号。图片提供©朵卡设计

步骤⑥尺寸的长度

在方格纸上，最小的一格（即0.2厘米）代表实际上10厘米长度。举例来说，如果你量得50厘米的长度，则要在图上画5个小格的距离（也就是1厘米长）

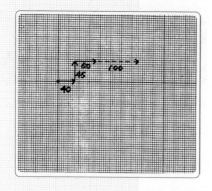

步骤⑦完成与修正

按照上述方法，你就可以完成一张室内空间的平面图（比例是1∶50）。有时候，画到最后要回到原点时，会因误差而无法连上，但只要相差小于20厘米就没关系，直接连上即可（这可能是墙面不直等因素造成的）。若误差太大，表示测量有误，那就要再检查一次，找出问题点。

步骤⑧准备描图纸

将透明的描图纸盖在画好的方格纸上，重新用笔、尺将线条画在描图纸上，平面图就完成了！

步骤⑨"圈圈法"配置好空间

画好平面图后，接下来就要开始配置空间了，在空间规划的技巧上，有设计师传授一招厉害的私房祕笈——"圈圈法"。将每一个空间简化成大大小小的圈圈，圈圈所划出的面积，等于该空间大概的理想面积。接着，在平面图上多试几种不同的排列方式，以找出最好的配置方法，确定之后，将它们转换成直线条的隔间，这样一来，平面配置图的雏形就出现了。

除了手绘平面图外，重要的位线及管线装置，也可在房子墙面上做记号。

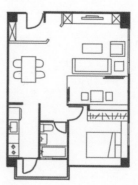

Step 6

细部空间设计配置

装修设计

20 客厅设计重点

客厅为公用空间，在规划这个区域时，首先必须找出全家人共同的娱乐与兴趣，这样才能根据需求确定家的风格。家人的生活习惯与交友状况，则决定了客厅中的硬件配置。

客厅的英文是"Livingroom"，意思是"生活的房间"，换言之就是家庭的社交场所，也是整体居家的设计重心。客厅的表现，往往是决定空间好坏的关键。在装修时，需要考虑全家人的共同需求，须具备以下重点。

重点①连接全家人的心
客厅是一家人居住、相处的公共空间，如何赋予客厅各种功能，须考虑一家人的需求及共识。

重点②风格的建立
客厅可以根据全家人的需求、喜好和个性来打造专属于自家的风格。

重点③空间中重要性最大
客厅是对外招待客人的场所，在整体环境中具有代表性，应位于玄关后的第一个空间，不宜在角落。

重点④占最大面积
客厅是全家人活动的公共空间，往往是房子中面积最大的场所。

重点⑤开放式空间
如果客厅面积不够大，不妨与餐厅或其他弹性空间做开放式的结合，让空间具有宽阔的视觉效果。

重点⑥流畅的动线
除了硬件设备的规划，流畅的动线将提升整个房子的使用功能。

重点⑦连接其他空间
客厅除了场所的独立性外，还具串联其他空间的功能。

重点⑧良好的通风
保持良好的通风环境，提供自在呼吸的空间，才能充分发挥客厅休憩、娱乐的功能。

重点⑨自然的采光
适当引进自然光源，不仅能让整个室内空间明亮，客厅也将极富生命与活力。

计划阶段　人员准备　装修设计　Day1-5　Day6-25　Day26-30

■ 客厅空间设计图解

重点①连接全家人的心

重点②风格的建立

重点③空间中重要性最大

重点④占最大面积

重点⑤开放式空间

重点⑥流畅的动线

重点⑦连接其他空间

重点⑧良好的通风

重点⑨自然的采光

图片提供©喻喜设计

精准装修 TIPS

客厅不宜规划在角落

客厅是招待客人的场所，在动线上，应位于玄关后的第一个空间，不宜放在角落。而沙发又是客厅最重要的活中心，从任何空间走到沙发区都要轻松自在，不应有过度交叉转弯的情形。

21 客厅（含餐厅）的动线规划

客厅及餐厅是家中成员最常使用的空间，除了需要有紧密的连接动线外，卧房、浴厕、书房的动线也需畅通，才能让客餐厅空间功能真正发挥，动线的规划可依客厅形式做不同配置。

正方形小客厅

①活动式家具
茶几、电视柜之类的家具，应选择可移动式，让空间运用更灵活。

②家具区隔空间
可用家具如鞋柜区隔客厅、玄关及餐厅空间。

③家具靠一边摆
10平方米左右的方正客餐厅里，家具最好只靠在其中一边的墙以节省空间。

长方形小客厅

①先进餐厅再进客厅
长方形客厅布置时餐厅和客厅界限清晰，一般得先进餐厅再进客厅。

②两人座沙发
因为空间有限，可选两人沙发，搭配可移动的茶几。

③沿墙规划收纳功能
收纳空间的规划如餐边柜及电视柜可以沿墙规划。

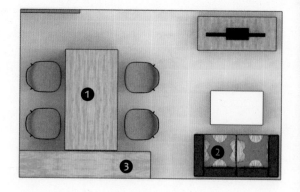

长方形大客厅

①独立出入动线
客餐厅面积够大，可在沙发的背面摆放矮柜，让动线更为独立。

②矮柜开口朝向餐桌
矮柜的开口可朝餐桌方向，方便餐厅的人使用。

③轴线旋转延长面宽
一般沙发与电视的距离至少3米以上，若尺度不足可将电视柜旋转延伸空间。

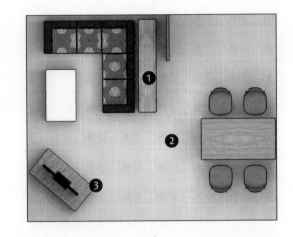

L形大客厅

①L形沙发的搭配
沙发摆放不一定要传统的321配置，可用L形沙发搭配单椅。

②开放式设计延伸空间感
客厅与餐厅连接处不做任何隔间，透过开放式设计延伸空间感。

③餐桌与餐边柜的距离
餐柜在桌子和柜子间留80厘米以上的距离，不影响餐厅功能，且方便行动。

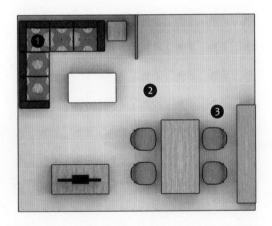

图片提供©喻喜设计

 精准装修 TIPS

预留两人相错的空间
客厅和卧房不同，是人员集中的地方，从入口到餐桌或是沙发的路线，是使用频率最高的，因此要设计出宽敞的空间。一个人正面前进需要的空间为55~60厘米宽，为了让两个人能错身而过，需要有110~120厘米宽的空间。

22 卧房设计重点

卧房分主卧、小孩房及客房，每种房间依功能及面积的不同，规划的重点不一样，如何花小钱将现有空间进行改装，需要更高的技巧。

人的一天有1／3的时间在床上度过，卧房可说是居家空间里最能放松心情的场所，因此，舒适是打造卧房的首要原则。如何能让人在卧房空间中卸除压力，最重要的就是要掌握收纳与家具配置的原则，色彩、灯光或是窗帘布艺等布置是打造卧室空间的另一重点。一个舒适的卧房设计有以下几点原则。

重点①面积要足够
过度窄小的空间容易让人产生局促感，一个房间一般要10平方米以上，使用空间才算足够。

重点②衣柜或书柜可依墙而放
若是房间够大，可以摆放衣柜或书柜，靠墙的位置是最好的。

重点③主卧可配置更衣室
主卧通常面积较大，除了附有专用浴室，若面积足够，可再规划更衣室、书房，甚至小客厅等。

重点④衣橱或书柜最好在梁下
按常规，睡觉的地方最好要避开梁，可把衣橱、书柜放在梁下。

重点⑤床要有靠背
床要有靠背，不要摆在房子的正中间，以免浪费空间。此外，不要放在一进门就看得见的地方，较缺乏隐私。

重点⑥采光通风要好
房间要明亮，对身体健康也有助益，通风也很重要。

■ 卧房空间设计图解

重点①面积要足够
重点②衣柜或书柜可依墙而放
重点③主卧可配置更衣室
重点④衣橱或书柜最好在梁下
重点⑤床要有靠背
重点⑥采光通风要好

图片提供©喻喜设计

精准装修 TIPS

柜子最好不要靠浴室墙面
把衣橱或书柜倚墙摆放，就空间规划上也较具平效，不过最好不要放在与浴室相邻的墙面，可能比较潮湿。

23 卧室动线规划

卧房设计重点在于收纳空间，以及是否从中规划出更衣室的可能。平开门式的衣橱和床要留90厘米以上的空间，推拉门式的则为50~60厘米。抽屉要考虑拉出的空间和人弯腰的空间，至少和床要有75厘米的间隔。

计划阶段

人员准备

装修设计

Day1-5

Day6-25

Day26-30

正方形小卧房

①床两边走道要50厘米以上
10平方米大的卧房，床要可以放中间，两边留50厘米以上的空间才足够行走。

②预留走道不阻塞
10平方米大的卧房要采用双人床的话，要预留三边的走动空间，这种摆设也比较贴近实际需要。

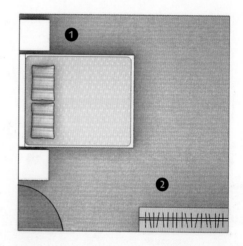

正方形大卧房

①增添视听设备
13平方米以上的卧房放双人床，还可增加电视等视听设备。

②视听设备结合衣柜
如果将视听柜与衣柜结合设计，可再多出摆放书桌或五斗柜的位置。

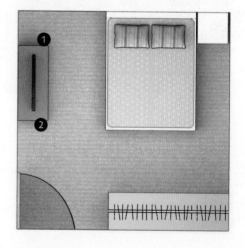

长方形小卧房

①床靠墙摆放节省空间
若卧房小于10平方米，建议可将双人床靠墙摆放，多出放化妆台或书桌的空间。

②选择带有收纳功能的床
床底是很好的收纳空间，可用来存放棉被等物品，避免因为太多杂物而干扰动线。

③沿墙摆放衣柜
多利用门后与墙壁的空间，利用门后与墙壁的空间可用来摆放衣柜。

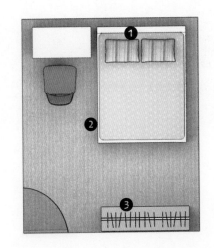

长方形大卧房

①卧房区隔出更衣室
更衣室的收纳功能比衣柜强，若卧房的空间超过16平方米，可将更衣室规划于卧房角落或卧房与浴室间的畸零空间。

②门在角落的房间床居中摆放
床铺居中摆放，两边则是衣柜及书桌，是十分好用的基础摆设，书柜找空间贴墙摆放即可。

③大空间可规划阅读区域
可利用16平方米大的卧房来规划小书房，书桌和床之间可用书架隔开。

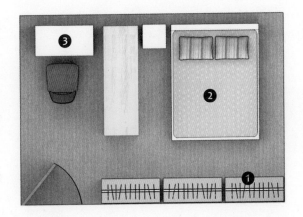

图片提供©喻喜设计

🅟🅡🅘🅝🅣 TIPS

床是卧室动线规划首要考量因素
卧房里，床占了大比例的空间。想要有充裕的开放空间，请优先考虑床的宽度。床沿着墙摆放的话，请和墙保持10厘米左右的距离，让被子可以摊平，也不会让手去撞到墙壁。床头对着窗户下的话，要注意冬天从窗户进来的冷空气，会让头和肩膀觉得冷。有空间的话，可以放床头柜，上面可以放夜灯和闹钟。

24 厨房设计重点

理想的厨房形式，必须依据现有的厨房空间来做规划，同时考虑家庭的组成人口与经济预算。由于时代演进，如今被视作"公共空间"的厨房，早已摆脱过去只是主妇一人单独操作的封闭空间，空间地位不可同日而语。

厨房，是家中高频使用的空间，如何在有限的厨房区域中，以最精准的配置、最贴心的设计及最人性化的功能设计创造出让人快乐"工作"的厨房，这就是厨房设计中最重要的原则。

重点①设计符合人体工学的橱柜
吊柜顶部与地面的距离，最好不要超过2米，且第一层以眼高为准，第二层以伸手可及为准。至于工作台面应稍低于肘部，以方便活动。

重点②水槽下方橱柜内缩5厘米
若能将下腹部紧靠水槽边缘以支撑身体，便能使双脚交替休息。

重点③保持厨房的通风透气
尽量开窗设计，通风透气之外，还能提供使用者愉悦的心情。

重点④必须讲求实用
若选购欧式厨具，必须考虑东方人与西方人的体型落差；此外，选购时需注重厨具的实用性，最好亲自试用。

重点⑤充分利用垂直的收纳空间
利用厨房的垂直收纳空间，从地板到天花板的空间都应善加利用。

重点⑥管线配置须事先规划
不妨与厨具规划公司或设计师共同讨论"水电图"的设计，然后按图施工。

重点⑦善用金三角活动区
若以冰箱、炉台、洗碗槽3个定点为厨房的中心准点，大多可形成一个三角形的工作区域，金三角活动区的三边距离以60～90厘米为佳。

■ 厨房空间设计图解

重点①设计符合人体工学的橱柜
重点②水槽下方橱柜内缩5厘米
重点③保持厨房的通风透气
重点④必须讲求实用
重点⑤充分利用垂直的收纳空间
重点⑥管线配置须事先规划
重点⑦善用金三角活动区

图片提供©喻喜设计

精准装修 TIPS

厨房照明不可忽略

厨房的照明首要关注安全与效率，若能在收纳橱柜与料理台上方，强调局部照明，且要避免产生阴影，除了提供更安全的烹调环境之外，也能改变使用者的烹饪心情。

25 厨房动线规划

厨房的收纳物品使用频率高，因此动线在厨房中就显得格外重要，唯有先将动线规划好，才能充分运用厨房的功能。一般动线规划必须能将相关的区域如储藏、洗涤及烹调连接起来，以省时省力为目的。

一字型厨房

①动线以一字型排开

厨具主要沿着墙面一字排开，动线的规划重点为冰箱（→工作台）→洗涤区→处理区→烹饪区（→出餐区），最佳的空间长度应为2米左右。

②处理台面的设计

处理台面一般介于水槽区与炉具区之间，因此宽度至少要有40厘米，若是能有80～100厘米更佳。

③炉具位置很重要

炉火区的设置应靠近窗户或后阳台以利于通风。

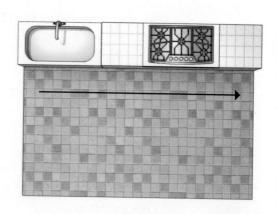

中岛型厨房

①L型厨房加装便餐台

一般常见中岛型厨房的设计，是在L型厨房当中，加装一个便餐台或料理台面，可以同时容纳多人一起使用。

②台面距离影响动线流畅

中岛型厨具与其他台面的距离，需保留在105厘米左右，才能保证动线的通畅与使用的便利。

③洗涤区要靠近冰箱

洗涤区的设置应尽可能靠近冰箱，减少往返走动的时间与线路。

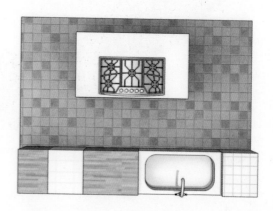

平行式厨房

①料理区与收纳区分开

平行式厨房的规划观念，大半会将其中
一排规划成料理区，另一排则规划为冰
箱高柜及放置小家电的平台。

②工作平台也是出餐区

可把另一边的厨具作为出餐区，炒好
菜，转个身，就可以把菜暂放到后面的
工作平台上。

③平行式厨房的动线安排

为了保持走道顺畅，让两个人同时在厨
房内时不会显得太过局促，两边的间隔
最好能保持在90～120厘米的理想距离。

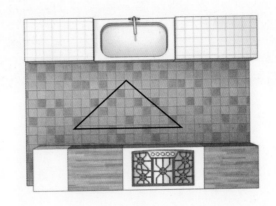

L型厨房

①洗涤区与炉具区安排在不同轴线上

将设备沿着L型的两条轴线依序摆放，
易有高温、油烟的烤箱、炉具应置于同
一区，冰箱和水槽则置于另一轴线。

②L型厨房的动线安排

独立空间和开放空间都可以运用L型厨
房，但摆设厨具的每一个墙面都至少要
预留1.5米以上的长度，面积在10平方
米左右。

③适当距离形成工作金三角

炉具、烤箱或微波炉等设备建议放在同
一轴线上，距离60～90厘米，就能形
成一个完美的工作金三角，最长2.8
米，这样才不会降低工作效率。

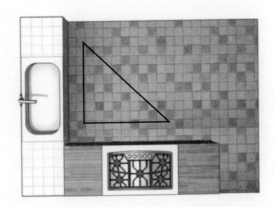

图片提供©喻喜设计

精准装修 TIPS

符合人体工学很重要

厨房主要的工作在黄金三角动线内，往返交错应控制在2米左右，才是最合理并省力的空间设计。理想的橱柜是
不会让人腰酸背痛的，因此在选定橱柜后，应请定制方根据你的高度需求做调整，一般工作台高度距地面是85厘
米左右，而吊柜顶部距地面的高度一般不超过230厘米，符合人体工学是必要条件。

26 卫浴设计重点

近年来随着生活水平的提高，浴室不再只为上厕所、洗澡之用，还是人们独处舒缓身心、解压的最佳空间。一间完美的卫浴空间，除了马桶、洗手台配置外，清爽舒适也是重点。

过去，卫浴空间总是被塞在最不起眼的角落，居家装修时，也只求最基本的功能，随着时代转变，越来越多人开始讲究卫浴的设计感及功能。浴室不只是洗浴方便的地方，更可说是全家人舒适放松、静心享受的场所，卫浴的设计早已超乎想象。

重点①注意面积的大小
舒适的卫浴空间最少需要5平方米以上，若面积太小，空间受限制，也不舒服。

重点②注意光线及通风性
浴室较为潮湿，气味也比较不好，因此一定要注意通风，有条件的浴室要开窗引进自然光，也有助于通风；暗卫也要做好照明和换气设置。

重点③浴室位置最好别正对大门
浴室的位置最好不要在入门口，也不要对着大门。若有异味出现，一进来就会闻到味道。

重点④所使用建材必须耐潮耐热
浴室潮湿高温，建材的选用要特别注意。瓷砖最适合在浴室使用，保养简单，也好清洗，但容易滑倒，最好用防滑的瓷砖。

重点⑤注意管线的排放位置
排放管线包括水管、粪管、排水口的位置，要与浴缸、马桶、洗脸台配合，以免日后发生漏水、阻塞等问题。

重点⑥事先考虑尺寸问题
卫浴设备的尺寸要与浴室的空间配合，一般浴缸尺寸长为150~180厘米、宽约80厘米、高度为50或60厘米；洗脸台的宽度至少100厘米。

重点⑦长方形空间较正方形空间好用
长方形的空间要比正方形空间好规划，可以将马桶、浴缸、洗脸台等做区隔。

重点⑧掌握色彩的搭配
卫浴设备是浴室的主角，在墙面配色及购买卫浴配件时要注意颜色的搭配。

■ 卫浴空间设计图解

重点①注意面积的大小
重点②注意光线及通风性
重点③浴室位置最好别正对大门
重点④所使用建材必须耐潮耐热
重点⑤注意管线的位置
重点⑥事先考虑尺寸问题
重点⑦长方形空间较正方形空间好用
重点⑧掌握色彩的搭配

图片提供©喻喜设计

精准装修 TIPS

善用洗脸台做收纳

面积小的浴室更要懂得利用空间，洗脸台用嵌入式橱柜台面，虽然会比较占空间，但下面的橱柜可用来收纳，因此反而更实用。

27 卫浴动线规划

除了包含最基本的卫浴设备外，卫浴空间中收纳的杂物极多，毛巾、肥皂、盥洗用品、化妆品、卫生纸等，都需要有易取易收的空间摆放。且浴室易潮，所以规划时不但要考量到动线，还要顾虑空气流通的问题。

小面积浴室

①马桶摆放位置考量
因面积有限，马桶尽量靠墙，且坐式马桶的预留空间最少要保持70厘米。

②动线以洗脸台为主
卫浴空间的动线以圆形为主要考量，将主要动线留在洗脸台前，活动的空间顺畅即可。

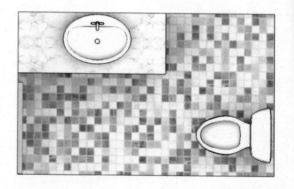

双台面浴室

①长型空间最好规划
长方形浴室空间比正方形空间更好规划双洗手台面，可将马桶、浴缸、洗脸台等作区隔，并延伸成双洗手台设计。

②事先考虑尺寸问题
一般浴缸尺寸长150～180厘米，宽约80厘米，高度为50或60厘米，而洗手台的宽度至少要100厘米，规划时要注意尺寸问题。

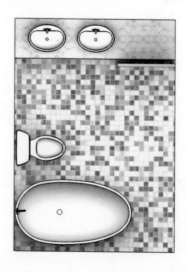

四件式浴室

①独立淋浴区

若浴室空间较大超过5平方米，建议像五星级饭店一样，除了马桶、洗脸台、浴缸外，还可以规划独立淋浴区，让干湿分离。

②淋浴区与浴缸连接

相较于正方形浴室，长方形浴室更适合四件式浴室规划，建议可将马桶及洗脸台规划成同一列，浴缸及淋浴区则在另一列，这样不但省空间，动线使用上也更为流畅。

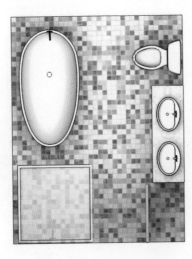

图片提供©喻喜设计

随着现代家庭的空间需求，卫浴已经不只是洗浴清洁的需要，而是成为房主心灵舒压的最佳场所，设计上也有了更重要的意义与考量。图片提供©隐巷设计

精准装修 TIPS

依面积规划设备

卫浴空间的重点物件不外乎是洗脸台、马桶、浴缸，或是淋浴设备，有些面积大、豪华型的浴室甚至可以加上三温暖及SPA设备，但基本型的浴室则分为全套（含浴缸）及半套（不含浴缸）两种，需考虑实际的面积来选择。例如不到5平方米的小浴室就不要勉强摆放入浴缸，用淋浴设备取代即可，或是将洗脸台、梳妆镜移到浴室外，做成干湿分离。还有，管线的安排也很重要，因为安装的位置必须与卫浴设备配合，否则也会发生因物件安装位置错误，使用起来不顺畅的情形。

■ **不快、不省、不准**装修冏途状况剧二

两夫妻讨论着房子里的理想装修布局……

插画提供©Left

Step 7

6大进阶装修
为空间加分

阶段任务：
全室装修细节把控

装修设计

阶段性任务　验收清单

28 色彩——创造百变氛围

色彩规划其实是相当主观的，只要自己可以接受、喜欢就可，并无一定的规则可循，无论是期望满室温馨的氛围，还是要追求大胆前卫的颜色，只要清楚明白自己想要的感觉，色彩计划就会显得容易多了。

颜色，决定空间的整体感觉，反映出空间的个性，影响着人的心理和情绪。想要决定空间的颜色，可以先确定自己喜欢的风格，尽量收集有关的图片，再分析出主要色调，利用色卡做出一个颜色板，在选购用品时就可依照色板选择。但主从的关系要弄清楚，通常面积越大的部分，选择的颜色就应越单纯；越小的部分，就可以选择较强烈又富有变化的色彩或花样。

体验色彩带给人的感觉

在运用色彩美化空间前，先了解颜色的基本用法。首先，认识三原色——红、蓝、黄，所有颜色都是从三原色调配而来的。接着，实际体验一下颜色给你的各种感觉。

冷暖

颜色可分为暖色系、中间色系及冷色系，其中红、橙、黄属暖色系，给人感觉较为温暖。蓝、靛则为冷色系，让人觉得冷冰冰。绿、紫则为中间色系，如果绿偏黄则为暖色系，若偏蓝就会变成冷色系。另外，暖色也给人活泼的印象，而冷色则显得冷静。

轻重

明色显得较轻、暗色显得厚重，轻重是由于明度的影响而来的。许多色彩计划都会考虑到这一点。

膨胀收缩

相同的面积，会因颜色不同，而看起来大小不同。这是因为明度的影响，明色会造成视觉膨胀，暗色则使其收缩。另外，背景颜色也会影响，周围的明度越高，内部面积则会显得较小。

快省准小百科

运用自然光源选择空间色

根据空间中的光线强弱，选择不同明度的色彩，可以调节视觉舒适度，如西晒或阳光充足的房间，选择低明度色彩，就不会感觉太过刺眼，而同一视觉平面采用同色相但不同明度的色彩，也会有不同的空间效果，如在空间中若天花的明度比地平高，可能会有天花板变高的视觉感受。

■ 环境色彩**搭配重点**

①**先决定大面积色彩**

空间玩配色重点在于先决定视觉最大面积，考虑的顺序可以由墙面→天花板→地板→家具→窗帘，决定好最大面积后，其他再以重点配色做跳色。

墙面
↓

天花板
↓

地板
↓

家具
↓

窗帘

②**单色配可使空间变大**

所谓单色配就是指室内空间，不论是天花板、墙面都使用同样的颜色。单色配最大的优点在于能使视觉变得更为开阔，适合小空间使用。为了让空间多一点变化，踢脚板最好不要使用同一颜色。

③**双色配最好选用相近色**

一个空间若要使用两种颜色最大的原则就是"你侬我侬"，相近色或是同色系的颜色最能协调，像黄色就可以用橙色相配。

④**善用中间色做平衡**

一般空间如果使用两种以上的颜色，就要利用中间色来平衡，如白色；也可以用相近色搭配，例如黄色与绿色就可以用黄绿色来做中间色。

①对比色可使色彩更突出

在色环上呈对角的颜色就是对比色。由于对比色有互补的作用，所以能使颜色更鲜艳。

对比色的搭配有几种方式。

色样对比：以黄绿为背景的绿色，看起来较偏蓝色；以紫色为背景的绿色，看起来则较偏绿色。因背景不同，使绿色与原本的色相看起来不同。

明度对比：以暗色为背景时，会显得比原来的颜色明亮；以明色系为背景时，看起来显得较暗。

彩度对比：相同的颜色，以鲜艳色彩为背景时，显得较暗；以深沉的颜色为背景时，则显得较鲜艳。

补色对比：左边的背景为同系色相，右边的背景为其补色，因此右边的中间颜色，看起来较为鲜艳。色调接近，感觉较为协调柔和。

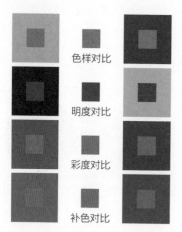

色样对比

明度对比

彩度对比

补色对比

②分列补色

采用某一颜色，再以其补色两边的两种颜色作为搭配的配色方式。例如黄色与紫色、蓝色的配色即为分列配色。黄色的补色为蓝紫色，其两边的颜色即为蓝色与紫色，采用此两色与黄色搭配，比采用蓝紫色搭配时的对比度弱，可营造相对柔和的气氛。

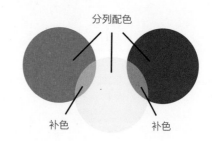

分列配色

补色　　补色

③三色配色

采用三个颜色搭配，但需在色相环上距离相同。例如红、黄、蓝的配色就是三色配色。

三色配色　　三色配色

④颜色的明度要有差异

注意色彩的明度，当空间使用一种以上的颜色，颜色明度不要一样，会让空间配色没重点，若是深色会使空间变得更暗沉。

⑤依空间特性选择适合的颜色

客厅

客厅的颜色可以依主人个人的喜好或整体风格来决定，像米黄、棉、麻、砖红色的颜色都很适合。

餐厅

可在天花板或餐厅主墙做颜色变化。所使用的颜色要能促进食欲，例如黄色、柠檬色或橘色等，还有樱桃红、蜜桃粉等色。

厨房

蓝、白让人感觉很干净；绿色会使人觉得好像置身户外；橙色、黄色、柠檬色则会让菜肴变得更可口，这些都是适合厨房的颜色。最好能与料理台、厨具的颜色做搭配。

卧房

主卧属于较个人的空间，颜色以使用者的喜好为主，不过毕竟是休息的地方，建议使用柔和的颜色，如粉红色、嫩芽绿、淡蓝色等都是不错的选择。

儿童房

儿童房配色往往会考虑儿童的年龄，不满两岁者需要安全感，可使用很淡柔的颜色，如淡黄、淡绿、淡蓝色等，或是带白的颜色，如粉红、粉紫色。

书房

看书的地方要让人感觉较为沉静，可使用较深沉的颜色，如墨绿色或咖啡色。不过，为避免太过沉重，可以用白色或其他浅色来调和。

空间中相近色搭配较能为人带来舒适和谐的感觉。图片提供©采荷设计

29 照明——改变环境视野

灯光向来是居家条件中，最容易被忽视的一环。大部分的人以为，只要在每个房间安装1～2管日光灯，就算解决了居家的照明问题。其实，灯光不仅具备单纯的照明功能，还有营造气氛，影响使用者情绪的作用。

一般来说，照明设备的规划，不外乎以下三个设计的考量，再搭配各式各样的照明形式，或单独使用，或结合使用，共同营造一个均衡且满足使用者需求的空间格局。

光源
由灯泡散发而出的光线的质与量。

灯具
它的外观、光线、方向与散布密度。

安置地点
如何将灯具安装在空间内最适合的位置。

计划阶段

人员准备

装修设计

Day1-5

Day6-25

Day26-30

光源

灯具安置地点

精准装修 TIPS

房屋翻修影响照明规划

如果你打算将整个房屋彻底翻修，在安装各个房间的电路时，最好安排2～3个照明电路，以控制墙面、天花板与桌上的灯具。而且在你决定墙面的漆色时，也必须将你的照明设计一并列入考量。

快省准小百科

感应式照明

但对于某些功能性空间而言，额外的照明设计特别重要。例如感应式灯具就是贴心的应用，适用于玄关、走道、楼梯间、收纳室等小空间，节能又省钱。

■ 环境照明**搭配重点**

①**需求不同，灯具功能不同**

假如你想要类似白昼的自然光线，你最好在天花板上悬挂吊灯、在地板安装立灯、在桌上放置台灯；假如你想特别强调空间的某个区域的话，可选择水晶分枝吊灯，其光线的折射效果可以表现多样化的戏剧性立体感。

②**制造角落的微小光域**

安装一座台灯在桌上，或是在角落的适当位置，随意摆上一株植物，每当置于地上的立灯或桌上的台灯发出的灯光投射叶影在墙面时，营造出的气氛妙不可言。除了立灯、台灯等外加式灯具的角落利用外，适当装设嵌灯、壁灯，也是制造角落微小光域的方法之一。

③**不同光源，改变空间视野**

只有光线具有方向性时，才会有光影的产生。如果你想借光线使你的居家视野更宽阔，利用间接与反射灯光，让光线自然洒入屋内；如果你想借光线使你的居家视野更收敛，使用向下投射照明，台灯、立灯以及悬吊较低的吊灯，都能收敛空间视野，缩小空间张力。

天花板灯

提供整个室内空间的普遍式照明，通常也称背景照明。

嵌灯

嵌进天花板内的卤素灯；光线强调屋内的特别区域。

吊灯

提供普遍式照明，但灯罩的选择不同，呈现出的光线品质也不同。

朝天灯

属于柔和的反射灯光，当作整体光源或局部光源，都可视喜好而搭配。

壁灯

具有牵引视线的效果，所以装饰作用大于照明功能。

立灯

属于可移动式灯具，通常用来加强整个空间的光线布局。

书桌台灯

属于区域型的光源，光线集中投射在有特定需要的地方。

④不同灯具创造不同风格

灯具的选择，切记与屋内的居家风格相符。如果你想营造简约的现代风格，使用荧光灯、卤素灯，可以呈现冷调的清洁感；如果你想营造华丽、优雅的古典风格，复古烛台与雍容华贵的分枝吊灯，都是不可或缺的功能性装饰灯具。

灯具不仅有照明功能，还能影响室内气氛。图片提供©南邑设计

⑤注意照明的安全性

不良的照明设计可能引起严重的意外，必须特别注意其安全性，尤其家中有小孩与老人，更要谨慎小心。如果台灯、立灯的摆设地点不恰当的话，很容易被小孩打翻或因高温灯罩造成烫伤。

家里若有老人或小孩，应选择有防烫功能的台灯才能安心使用。

⑥使用调光器弹性改变气氛

增加数个照明设备的调光器开关，可以随时针对个人需求改变空间气氛。除了可弹性掌握室内气氛外，搭配使用几种不同形式的主灯和背景照明，呈现的空间效果将会更佳。另外，别忘了不同灯罩的使用，也能展现调光器的类似功能。

⑦确定照明形式与明暗程度

当你了解空间的照明需求，并添上自己的喜好之后，就可确定你想要的照明形式与明暗程度，这应该就是你对自己房屋照明设备规划的最后把关。此后，建议你不妨逐一列出所需灯具的清单，再次确认后实施。

不同聚光效果将影响展示品的陈列。

⑧管线安装必须事先解决

管线安装的工作，在你着手居家设计时，在天花板木作或安装新地板时，最好先获得解决。否则等到尘埃落定，人力、物力，以及时间、金钱白白浪费不说，整个照明设备的规划也必须重新考虑。

进行天花板装修时，应事先规划电路管线。
图片提供©朵卡设计

⑨可移动灯具搬家不伤脑筋

如果你是租房族，或者是正要搬家的换房族，那么你所选用的照明设备，最好以方便携带的灯具为主。避免使用隐藏管线或固定电路，一切皆以方便、机动性佳的外加式灯具作为主动选择。

⑩尽量保留室内的自然光线

选用可移动式灯具不仅便捷且可省安装费用。

首先辨识自己房屋的朝向，评估室内的自然光线，并尽量选用中性的淡色调墙面与地板颜色。此外，避免使用厚重的窗帘布料，不妨选用PVC材质或罗马纱等透光性高的窗帘。此外，镜子的使用也是光线折射后，让室内感觉明亮、舒服的布置技巧。

室内照明若与室外自然光相互搭配，能创造最舒适的光源。图片提供©朵卡设计

30 收纳——灵活运用空间

最高明的收纳方式，不是把柜子塞满而是"偷"空间，利用零散空间或设计手法增加收纳空间。不只如此，柜体的形式还会影响到空间感及空间风格。选择适合的柜体样式，还可达到美化空间的目的。

计划阶段

人员准备

装修设计

Day1-5

Day6-25

Day26-30

一般人提到收纳都会想到收纳柜，目前受欧美影响储藏室的概念也开始流行。收纳柜及储藏室确实是最好的收纳空间，但收纳空间需要有技巧地置入室内，而不是漫无目的地设计，否则不但会影响到空间的使用功能，还会影响到空间感及空间风格。

大面积的收纳形式——独立收纳间

独立收纳间指的是大面积的空间收纳，所收纳的东西会比较多，例如储藏室及更衣室等。但使用者若是没有归类的习惯，就很容易变得凌乱，不但找不到东西还很浪费空间，所以规划时必须考量到分类问题。

独立收纳间也比较适合大面积的空间，且需视空间条件而定。以更衣室为例，卧房的面积最好在15平方米以上，才可规划出更衣室的空间。

运用方便的柜体收纳

柜体收纳可分为抽屉式、隐藏式、开放式，以往柜体的抽拉都得依靠五金拉手，随着极简空间的流行，有些设计师会用抽拉式的铁件五金代替拉手，现在则有许多设计师会利用柜体的沟缝取代手把，称为隐藏式收纳柜。

柜体收纳的优点是有利于分类收纳，取收时也较为方便，不论大小空间皆可适用，但是要根据空间风格选择适合的柜体形式。

精准装修 TIPS

与家人讨论收纳空间定位
家中每个人都应该清楚知道家里东西放在那里，才可避免东西不知去哪里拿、收到哪里的情形发生。建议与家人针对分类好的物件，讨论好物件的定位及数量，设计师才能定出收纳空间的所在及大小。

■ 完整收纳**规划重点**

①物件要收纳在所使用的空间

使用的物件最好收纳在所使用的空间里，收取才会方便，比如出门时穿的鞋，就应该在玄关做好收纳的处理。

②依生活习惯指定物件收纳空间

物件各就各位是收纳空间规划重要的原则之一，这样家中成员不但可以轻松使用想使用的物件，归位时，也很容易放回相应的位置。

③物件尺寸大小要符合收纳空间

在规划收纳空间时，需考虑所收纳物的尺寸及形式，特别是收纳空间的深度问题。常用的收纳柜深度为30厘米、45厘米、60厘米，若能先概括了解收纳物件的尺寸大小，将有助于收纳效率的提升。

④将收纳物件做好分类

收纳做得好不好与生活习惯有绝对的关系，不擅长收纳的人多半是不懂得分类，所以要规划好收纳空间，建议先将物件做好分类。可以请家人各自针对自己的物件做分类，把同质性的先归纳好，再做整理。

⑤常使用的物件要有暂时的收纳空间

除了给予固定的收纳空间外，还需要给正在使用中，而且会接续使用的物件留出暂时收纳的空间，如遥控器、准备要穿的衣服等，这些东西因为较难有永久的收纳空间，反而会随意放置，形成家中的乱源。

⑥整合家人的收纳需求

每个人都有自己的收纳需求。家中负责与设计师协调的人，需要先了解家人的收纳需求，并整合所有的需要之后统一协调。

将常使用的长伞、外套、罩衫与鞋子一同收纳于玄关柜中，既使空间清爽又便于取用。图片提供©浩室设计

⑦了解并预估收纳数量

收纳物的大小及数量，关系着收纳空间的尺寸及大小，所以对于自己家里有多少东西要很清楚，而且未来还会增加多少也要先预估出来，尤其是新婚小家庭，因为未来生活变动性大，可能需要考虑将来有孩子后的收纳需求。

善用梁下以及沿墙空间，让厨房空间更为灵活。
图片提供©杰玛设计

⑧列出该丢弃的东西

做好分类、定位后，请记得一定要列出丢弃物的名单，收纳空间不是无限的，不能让多年不用又无保存价值的东西占领家居收纳空间。

⑨善用空间做收纳

收纳空间该规划在什么地方，如何利用空间做收纳，从既定的环境"偷"出空间来增加收纳效益，可先了解适合规划收纳空间的地方有哪些。

梁下

利用梁下规划收纳空间。

门后

若门没紧贴墙壁，也可利用门后空间做收纳。

天花板

若天花板高度够，也可作为收纳空间。

隔间

把原有墙拆除，用双面柜取代隔间墙。

窗台或地板

最常见的就是和室垫高地板。

楼梯

楼梯下面是最好的储藏室空间。

畸零空间

利用畸零空间规划储藏室。

沿墙

柜体式的收纳最好是沿墙设计。

梁柱

用橱柜来包柱，做成收纳柜。

用柜体"包柱"可创造更多隐形空间，也可化解梁下压迫感。图片提供©南邑设计

31 天地壁——提升立体层次

天花板、地板、墙壁是决定立体三度空间的关键，如果天地壁没有设计好或是尺寸不对，就会让人一踏进这个空间里，便觉得有压迫感。最好的天地壁设计，不仅空间感要掌握好，风格与材质的搭配也是很重要的一环。

天花板及地板的材质

天花板就像是最后为空间盖上的盖子，决定着空间的高矮，也影响采光照明及室内温度。而地板的变化能体现出空间的丰富性，可依照空间功能的转换，在地面上制造高低的差别，或是变换铺地材料呈现不同感受，比如客厅可以选择光亮的大理石材，卧房则可能改用木质地板，等等。

墙面的特殊结构

针对不同的功能，墙壁可以有各种不同的变化，结构上承重的墙就该厚实，需要让视觉穿透的墙面，可以选择镂空或是以视线可穿越的材质作隔断。

关于墙面有以下两点需提醒

承重墙不可打掉

通常厚度超过20厘米就有可能为承重墙，如果要拆除，最好先请专业人士进行评估，否则可能会造成建筑的结构倒塌，非常危险！

剪力墙与抗震力有关

剪力墙通常位于外墙，主要功用在于连接与传导而非支撑，能让力量通过与剪力墙连接的屋顶、墙壁和地基、土壤，得以均匀分散，是使用于早期楼层房屋的结构工法。打掉剪力墙则会造成建筑物的抗震力减弱，当地震发生时，房子容易倒塌。

天地壁设计影响着整个空间的整体氛围，包括质感、亮度甚至温度。
图片提供©大湖森林设计

■ 天地壁设计重点

①造型天花板化解空间问题

现代建筑几乎少不了梁，过大的梁可能会影响空间感，我们可以通过吊顶（如圆弧造型）化解横梁压迫感；或是以不同天花板材质来界定空间属性。

②风格天花板强化空间个性

造型复杂的天花板不仅可以调节空间比例，还能呈现出复古效果；层层推衍的木椿式造型天花板，则带出乡村风的质朴；如摺纸般的立体造型天花板，则突显出现代风格的个性。

③灯光隐藏天花板更具氛围

如流动河流般的LED灯带、如剧场概念般的聚光灯、弧线造型的光束等，将灯光隐藏或占据天花板，不仅满足照明的需求，还能营造空间氛围。

④不同材质地板界定空间

界定空间属性的方式很多，不是只有墙壁而已，不同材质的地板（如柚木与瓷砖的反差），或不同贴法的地板（如斜贴与正贴的对比），都可以达到界定空间的目的。

⑤高低层次地板强化功能

方便观赏风景的低矮阶梯地坪、特意降低地坪的设计让卧房更具休闲感、特意垫高的和室地板满足收纳功能等，都是运用地坪高低层次变化增加空间功能。

间接照明拉出室内光带，给空间增加无限想象。图片提供©隐巷设计

空间中运用特殊建材打造墙面，立即就能营造出别样风情。图片提供©浩室设计

⑥善用地板材质展现空间风格

石板堆砌出禅意的玄关，复古砖地板带出属于乡村风的自然气息，而木地板则暖化了空间氛围，不同材质的地板，能展现出不同的空间个性。

⑦主墙材质突显风格个性

每个空间都有集中视觉焦点的主墙，如何界定主墙风格要看居住者或设计师的规划。可以运用材质（如实木、壁纸或色彩等）铺陈，为空间风格定调，也可营造居家氛围。

⑧端景墙创造空间层次

不管是为减少走道的冗长，或是为制造空间过渡的缓冲，一道集中视觉焦点的端景墙，就可成为空间中的缓冲点，让人的视觉调换。

⑨功能墙兼顾生活与美感

不管因收纳需要还是风格展示需要，每个空间都有必要的功能墙存在，如卧房的床头墙、客厅的电视墙、书房藏书的书墙，或是用来展示收藏、家人照片的展示墙等，都可以兼顾功能与美感。

⑩隔间墙也可以多元化

墙不是只有RC或轻钢架等材质，也可运用玻璃或是木作等不同材质的隔间墙来界定空间，而其轻盈与通透的质感，可让空间达到减压或放大的效果。

32 门窗——对外连接关键

大门是房子的重要门面，也是客人来访时的第一印象；而窗的形式决定与户外连接的方式，影响着人与自然的互动。两者拥有不同的功能与效用，却同是守护居室的功臣。

门与窗连接着室内外，门扮演居家安全守护者的角色，尤其是大门需要有隐私、防盗、隔音等功能。

除此之外，门在室内也可以代替墙区隔空间，让空间的使用更为弹性；窗户同样在居家空间里扮演着举足轻重的角色，主导了室内空间的采光、户外景观的视野、空气流通等功能，更事关安全、隔音、防雨等要项，因此对于窗户材质、特性及打造技术的要求，皆需仔细斟酌衡量。

也有越来越多人重视门窗所具备的声音隔绝功能，不管是隔绝外在的吵闹声，还是不想让外面听到屋内的声音，都可使用气密性高的隔音门、气密窗。

窗户主导室内空间的采光、空气流通等功能，而自然光源更对室内气氛有着无足轻重的影响。图片提供©尤哒唯设计

铝合金窗的品质

可分为ABC三个等级，所谓A级是原厂铝锭、原厂烤漆，延展较佳，烤漆较粒较细，表面光滑度较高；B级铝材较薄，韧度较差，烤漆不够精细；C级则是再制回收铝料，品质粗糙，购买时应留心注意。

■ 门在空间中的**特殊定义**

①大门的形式决定门面

门的款式通常可分为子母门、双开门、单开门、门中门等设计。若有展示门面的需求，建议可选择子母门，因为其一大一小左右双开的设计，大的那扇门供平常进出之用，而小门只在需要时打开，不但可以解决超大型家具搬运的困扰，同时也让人感觉更为大气。

②推拉门简省空间

当空间小，又需要有门时，要如何减少门开合所浪费的空间？也许推拉门可以解决问题，使用推拉门减少了门片开合所占据的空间又可以区隔空间。

③隔间门让空间使用更弹性

空间与空间的界定可虚可实，并不是只有墙而已，透过一道可移动的推拉门或是隔屏的开合，保留开放与隐秘的弹性，让空间使用更多元化。

图片提供©浩室设计

④隐藏门将门化于无形

门绝对是空间通往另一个空间的介质，但有时候门并不一定要被看到，与墙面一体成型的隐藏门，不仅线条更为利落，还能达到放大空间的作用，同时还可以化解一些家居禁忌问题，如浴室门不能对床头或是不能对餐桌等。

⑤柜体门提升设计感

收纳柜除了内部功能要好用外，柜子外面的门片也会影响空间风格及设计，有设计感的门片有助于空间美感的提升。

⑥门也可以展现风格

阳台与室内之间，不是只有铝门框可选择，还可以运用其他材质来展现不同风格的美感。除此以外，运用不同的五金拉手，或是在门片上嵌上不同的图像都有意想不到的效果。

既是墙面，也是收纳柜隐藏门片，柜门设计影响了空间风格。

图片提供©尤哒唯设计

格状柜门适当遮蔽杂物的杂乱感，更能衬托空间风格。图片提供©采荷设计

图片提供©采荷设计

图片提供©隐巷设计

连接楼上与楼下的大型落地窗，需考量风切级数，提高耐受度。

⑦依楼层选择窗户功能

楼层的高低，影响到窗户施工方式与种类的选择，5楼以下需要考量隔音级数和防盗级数，8楼以上则必须考量防风级数，因为楼层越高越无屏障，窗户的耐受度要求一定要严格。

⑧依风格及需求选择窗型

窗的款式依形态与功能来分，有推拉窗、平开窗、景观窗（又名八角窗或广角窗）、气密窗、格子窗、百叶窗等。每一种款式，都影响着空间运用的风格与实用功能。通常20层以上的高楼，在窗户的采用上一般不会选用格子设计；而较低楼层如果没有开阔优美的景观，且建筑物间的距离太近，选用格子窗有利于保护隐私。

⑨门与窗的保养清洁

手工上漆的门只要用软毛刷或鸡毛掸，将灰尘拂去即可，也可用清水擦拭，因为门上通常有做防锈处理，但不适合用清洁剂；如果是烤漆的门，才可用清洁剂清洗；至于钢木门，则可用碧丽珠（是一种水性的养护上光剂）擦拭。而木质窗的清洁保养可分为窗框及玻璃，一般玻璃清洁保养建议用玻璃清洁剂，而窗框用中性清洁剂做定期保养即可。

阶段性任务验收清单

恭喜您完成阶段性任务！为避免有遗漏的部分，
请依照下列问题指示，验收阶段性任务。

1. ☐ 已了解平面格局的配置原则

2. ☐ 已确认家人对空间的需求

3. ☐ 已能看懂平面配置图

4. ☐ 已能绘制简易平面图

5. ☐ 了解下列空间设计与动线规划（请确认以下细项）
   ●客餐厅●卧房●厨房●卫浴

6. ☐ 了解色彩搭配概念

7. ☐ 了解照明规划

8. ☐ 懂得规划收纳

9. ☐ 了解天地壁设计

10. ☐ 了解门窗设计

Step**8**

编列装修预算

Day1-5

33 三种房型的预算需求

装修最重要的莫过于装修预算的编列，而且装修费用根据空间实际状况、房主实际需求及所选用的材质有很大的差异性，如何掌握装修费的支出？一定要先学会装修预算的编列。

计划阶段

人员准备

装修设计

Day1-5

Day6-25

Day26-30

依房型的不同，装修的重点也不同，新房重在收纳等功能需求的满足；老房则以硬体翻新为要，如水电管路等基础工程。明确知道装修时所需要的重点花费，在预算的调配上就能灵活运用。

新房重在功能装修

新房装修想要省钱，在买房时就要注意，建议尽量挑选格局与动线符合生活需求的空间规划，这样可以省去不必要的拆除与管线更改费用，除非开发商所附的设备及建材很差，需要更换，不然预算重点还是要放在功能性工程上，如木作收纳等。

旧房以安全性工程为主

旧房则可分为15年以上与15年以下的房型。15年以内旧房可依实际状况评估装修需求。超过15年的旧房，则以居住安全性为重，水电与管线则要全部更新，这一项花费会比其他房型多，因此在预算时就得加重。

精准装修 TIPS

千万不可省的5项装修支出

①水电
②防火建材
③拆除工程
④泥作工程
⑤存在漏水与隔音问题的门窗
（针对老房）

34 了解并掌握装修行情

装修预算到底要怎么估呢？依房型配置只能估出大概的装修预算，若要更精准的掌握各项装修项目的费用，避免被施工方或设计师敲竹杠，就一定要先清楚了解装修行情。

装修费用主要指的是装修工程所需的费用，依工程项目而定，工程项目包含了木作工程、水电工程、泥作工程、油漆工程、卫浴与厨具工程、冷气设备、拆除及清运费用、家具采购及订制等，如果找了设计师负责规划设计，还得加上设计费及监工费。由于每项工程的计费方式及计费单位不同，得要先弄清楚，再参考市场行情，就可以估算出装修费用。

一般而言，常见的装修项目共有9大类，实际操作时可依据报价做每个项目的预算。

①木作工程

②水电工程

③冷气设备

④泥作工程

⑤油漆工程

⑥卫浴与厨具

⑦拆除与垃圾清运

⑧监工与设计

⑨家具采购或订制的预算

快省准小百科

房屋的面积决定空调匹数

通常小一匹的空调适合约12平方米，1~2人的空间内使用；1匹的空调适合约16平方米，2~3人的空间内使用；1.5匹的空调适合在20~23平方米，4~5人的空间内人数。人数越多，房屋面积越大，需要选择空调的匹数就越大。

35 认识单据以免被宰

好不容易凑出一笔装修费，要怎么用才合理，且不会被设计师或施工方当冤大头，老是被追加装修预算呢？另外，为避免被设计师或施工单位巧立名目骗钱，学会看懂估价单很重要。

计划阶段　人员准备　装修设计　Day1-5　Day6-25　Day26-30

清楚又明确的估价单，对于各项费用的明细都十分详尽。例如木作工程的计价方式是平方注还是延米，其单价及数量在估价单上都有清楚的标示，一来方便讨论，二来在追加或减少预算时，房主与设计师也能一目了然，方便后续合作中追加费用或办理退费等。

避免不良从业者赚取价差

有些不良的设计师或施工方，在报价时只说价格，不说明多少数量或面积，让房主看不懂估价单，也无法去询价与比较，借此从中赚取高额价差，如果遇到这种报价的施工方或设计师，建议房主要谨慎思考是否与其继续合作。

付款阶段要谈清楚

若设计与施工给同一单位做，通常付款进度及比例为四阶段，或五阶段的付款形式。依照不同的对象与信赖度，双方的付款阶段及方式也会有所调整。

阶段	一般付款与交易内容	占总金额%
阶段1	签约金（正式签约）	占10%~30%
阶段2	正式设计图（包括细部图、立面图、平面图）+ 木工进场	占20%~30%
阶段3	工程进行至完工	占20%~30%
阶段4	完工，经房主检查验收确认无误，再付尾款	占10%左右

快省准小百科

估价单上的数量与单价

估价单上的"单价"，一般有2种算法，一是单纯材料及工资费用（连工带料）；另外一种则是将监工与设计费含在其中，这种算法价格就会比较高，大概会高出20%。至于"数量"，若房主有疑惑，可要求设计师或施工方实际丈量，说明数量的估算方式，要是某些材料有特殊单位，也要当场沟通清楚，避免后续纠纷。

■ 看懂**估价单**中的玄机

①清楚装修项目与价格表

设计公司追加预算超过10%，即代表有问题。看报价时须注意那些容易被隐藏及漏报的工程项目，如老房较常会遇到燃气管移位、下水管更新等漏报问题；此外，空调、卫浴与厨房设备报价也常特意被遗漏，看报价单时都要注意。

②认清材质等级与差异

同样的材质也有等级分别，也许你想要的大理石与设计师帮你挑选的大理石并不相同，因此请确认最后使用材质，不要在装修后才提出修改。若考量预算问题，也可请设计师或施工方提出替代的材质方案。

③明确表达需求

请于装修前做功课，千万别等到工程已进行的差不多时，才想到餐厅要作收纳、房间数不够等问题，多数设计师在与房主沟通的过程中，都会引导房主思考自己的生活模式与习惯等，仔细的沟通与讨论将有助于工程顺利进行，也较不会多出各种意外支出。

④不随意变更设计

所有的决定请于装修工程进行前定案，千万别三心二意、举棋不定，特别是工程进行后的变更，可能会加倍的支出、造成金钱上的浪费。

⑤了解装修单位所提供的报价单

一般装修公司或施工方常用的报价单，常常是注重材料的价格，而对工程部分的报价就比较简单，此时消费者就必须与装修单位再进一步沟通与细节部分，而且最好白纸黑字记录下来，可以做一份补充协议，这样会比较有保障。

装修工程有其固定工序，预先做好水电管线、规划收纳空间，千万别等到接近完工时才要求。
插画提供©朵卡设计

■ 设计师所提供详尽报价单

这是一般设计师或设计公司使用的估价单与报价方式，消费者在浏览时，对于专业项目有不了解之处，可请教设计师。将报价单所包含的项目内容、数量以及单价核对清楚后，较不会发生后续问题。

①请认明公司地址与联络电话，对于消费者较有保障。

②确认客户名称以防设计师拿错估价单。

③"废弃物拆除清运车"费用常容易被人遗忘，请认明计价方式。

④浴室、阳台与厨房的防水工程为必要之基础工程，请勿删除此部分预算。

⑤内容为老房翻新所需要进行之拆除项目。

⑥请详述生活需求，设计师可将设计规划其中，不但美观且更为方便。

⑦需要另外计工价的部分有：木作工程、泥作工程、空调装设、卫浴与厨具安装、灯具安装与组合柜安装等，大多木作与泥作工程报价为含工带料。

⑧请确认数量。

⑨不同工程有不一样的计价单位，请清楚知道计价单位及方式。

⑩清洁费为工程完成后之必要支出费用。

⑪工程管理费约占总工程款的5%～10%。

36 有效编列预算

除了知道装修费用的计算方式、装修工程的市场行情，以及看懂估价单避免被追加预算外，要有效管控装修费用，一定要精确记录，才能让自己更清楚钱花到哪里去。

如何有效编列并管控预算，详细的记录将有助于你仔细评估。记录方式可用表格并列点出来，详细列出工程项目、优先顺序、原始预算、厂商估价，与评估后的成交价格等，完成后的表格将有助于房主做最有效的预算运用及管控，可先将工程项目列出，再依实际需求及设计师或施工方报价，填写在表格当中，将费用支出做总整理。

列点式的工程项目

从上述的单元论述可得知，工程项目主要包含规划设计、拆除工程、木作工程、水电工程、泥作工程、油漆工程、厨具工程、卫浴工程等。表格栏位只要先将工程项目列出，就可开始针对工程项目询价，并将厂商的报价填写在表格当中做记录。

优先顺序的重要性

除了明列出工程项目之外，表格当中还有一个项目是非常需要的，那就是"优先顺序"。一般人在列预算后，时常会遇到超支的情况，撇开设计师或施工方追加费用不说，通常是自己想做的工程越来越多，但预算就会相对越来越少；所以先将工程项目设定优先顺序也是列预算重要的一环。

详细表格制作参考，与优先顺序范例，请翻阅本书附赠的预算表。

Step 9

签对合约才有保障

阶段任务：
列预算，签合约

37 合约内容重要项目
38 设计合约的服务范围
39 工程合约的确认重点

阶段性任务　验收清单

Day1-5

37 合约内容重要项目

不管找设计师、装修公司或施工方，签合约都是必需且极为重要的环节，就算委托亲朋好友装修，为了避免日后纠纷，双方签订合约才是最客观公正的做法。

一份完整的合约通常包括了估价单、设计相关图样、工程进度表等各种附件，加上契约条款共同组成，这些附件都应该要标明尺寸、材质、款式及施工方法等协助整个装修过程顺利进行的任何事项。

需有充裕时间阅读合约

为能详细了解签约内容，书面合约不需要当天就马上签订，房主有权逐一确认条款后再与设计师签订，一般可以有7天的审阅时间。千万别因为是朋友介绍，而没好好阅读过合约就贸然签字。

任何追加或变更都要入约同意

预算追加是房主最担心的问题之一，工程进行中难免会因为实际屋况，或者房主临时更改设计而有追加的情况，无论是设计师还是房主要变更设计，都要经过双方书面同意后再进行，以免口说无凭日后付款时造成争议。将"追加或变更都必须经双方签名同意后才能进行施工"列入合约条款中，之后才有分清责任的依据。如果是与设计师沟通过，同意追加预算增加装修需求，就必须针对原有设计再做一次沟通。

付款阶段与比例应明确

工程付款有一定的阶段，通常伴随着"阶段性验收"来付款，分别在完成签约、泥作、木工及完工后，一般常见付款比例为3：3：3：1。每阶段付款金额多少，必须要在合约中注明，尾款通常在"总完工验收通过"再付。且合约应该注明"各阶段验收无误"才付款，免得在认定上出现争议。

插画提供©Left

精准装修 TIPS

给予充足的装修期

装修房子的细节相当琐碎，时间太赶很容易发生纠纷。若有设计公司答应可在短期内完工，最好再考虑一下，因为施工得按部就班，绝不可能一蹴而就。

108

■ 签订合约的重要守则

①签约流程要清楚

通常在设计师初步解说平面规划图后，确认整体规划无误，才会开始进入签约的程序，签约后也才会再针对细节部分提供更多的图及工程解说，若要将工程委托给设计师要再签工程合约。

②文字合约保障权益

只要同意将设计或工程委托给特定人，不管是室内设计师还是装修公司或施工方都应签订文字合约，若委托的人是自己的亲友更应该签约。合约中要标示建材等级，避免日后有纷争。

③合约签定要完整

一般施工合约多含监工，因此签了设计合约，还要签订施工合约，如果没有签施工合约，容易让设计师推托监工责任，形成漏洞。

④确认合约内容

合约书中都会标明施工日期及施工时间甚至是变动的可能性，也会附有建材估价单以及各项工程款表格，房主必须仔细核对各项工程的单价与数量计算是否合理，设计费及监管费是否都包含在其中，这些费用的问题，都要确认后才能签约。

⑤任何追加都应入约

契约中应说明如果有任何工程追加，一定要经过双方书面同意，以免日后引起争议，其他如付款方式、整体设计表现与验收标准等项目，最好都有文字签署，才有依据可证明。

⑥合约中标示建材等级

很多装修纠纷案，都是由于建材用料等级不同而发生争议的，因此在订定合约前，就要确认所有建材用料等级。由于房主对于建材多半不了解，需要在事前多与设计师沟通。

⑦附进度表掌握工期

设计师在合约书中会标明施工进度，房主必须请设计师逐一说明，务必了解每个工程的施工状况，并掌握施工的日期，避免两方在进度理解上出现差异。

⑧合约用印要完整

签约时必须要核定合约上签约人或公司的大小章，保存正本合约并检查公司的营业执照，如果发现有侵犯自身利益的条款，可请设计公司重拟。

⑨保存合约，保障权益

所有的合约资料，房主都要保存，甚至日后有因变更而签署的任何资料，都要一并增加进来，让合约完整。如果日后发生问题，因具备完整的装修资料，调解的单位也比较好处理。

38 设计合约的服务范围

室内设计约可细分为设计合约及工程合约、监工合约，通常监工合约会与设计合约或工程合约合并签订，每一种合约内容不同，服务范围与方式也会有所差异，在签订合约前要先弄清楚才有保障。

室内设计合约通常是在双方已就格局取得共识，委托设计师做进一步规划时才正式签订，签约时通常只附上平面图，等合约签订后，设计师再陆续出图，图包括了立面图、水电图、灯光图、柜体图、空调图、地板图等，总共要20张以上的图，有些设计公司为了施工更为精准，甚至可以出图到70~80张，不会只有平面配置图、立面图及透视图。设计费的计算标准每位设计师不一样，有的按面积算，有的则以总工程款几成收。

所以支付完设计费后，拿到的设计图是整套的，包含：平面图、立面图、施工图、细部图等，要到施工方可以照着图去施工的程度，业主若还没完成付款手续，设计师可以拒绝提供图稿给业主。其实多半设计师很认真，因此即便房主只交付设计费，负责任的设计师会找时间与施工方交代清楚工作的细节。

业主若还没完成付款手续，
设计师可以拒绝提供图稿。

■ 设计师的工作明细

房主委任设计并正式签设计合约后，一般设计师的工作明细约10项，可供房主参考。

①现场测绘与分析。

②拟定初步草图、辅助性透视图说。

③平面配置图、立面设计图、天花板设计图。

④规划相关照明系统图、电路管线图、给排水管线图及空调系统图。

⑤绘制详细施工图及辅助施工图文说明。

⑥拟定色彩及建材搭配计划。

⑦与工程专业人员商讨施工细节。

⑧制作工程预算书及提供业主工程发包或承包方面的参考意见。

⑨工程进行中与施工单位招开工务会议，重点解决施工疑问。

⑩为业主提供家具及室内外装饰摆设之建议。

图片提供©喻喜设计

39 工程合约的确认重点

若决定委托设计师施工，除了设计合约之外，工程合约也占了相当重要的地位，签约内容要注意款项、工程单价与数量，以及其他条款的合理性。

工程合约总工程款的项目中，各项工程的单价与数量计算是否合理，房主一定得先仔细核对，设计费与工程监管费是不是包含在内，应明确清楚。契约中应写明如果有任何工程的追加，一定需经过双方书面同意。此外，付款方式、施工期限、整体设计表现与验收标准等，最好都形成文字落实到合约中，若合并监工合约一起签要记得注明监工责任问题归属等。

在一般固定的工程承揽合约中，必须载明的共有9项，依序为工程范围、工程期限、付款方式、工程变更、工程条约、工程验收、保修期以及其他事项，设计公司名称、负责人资料也须写清楚才有保障。

工程合约签订后，拆除或装修才有所依循，业主和施工方才能建立互信的关系。

附约内容也不可小觑

除了主合约外，通常也要再签附约，附约包含设计图及工程费用的细项、数量，此外，建材的内容规格及品牌也可以列在契约附件中作为验收的依据。还有，如果房主担心装修的建材可能是从别处拆卸下来的旧品或半新品，建议在契约中可特别订明新品的要求。

■ 工程合约的重点

①工程范围

设计师依照设计图、施工进度表及估价单，需经房主签证同意后依所列项目进行施工。

②工程期限

由设计师与房主协议预定完工的时间及延迟完工的罚责，时间可写明施工天数，也可明订完工的年月日。

③付款办法

含双方议定的装修总金额和议定的方式阶段性付款。

④工程变更

主要针对工程变更时，双方对装修金额、项目及工期修改的处理方法。

⑤惩罚条款

包括逾期未完工扣工程款、房主阶段性未付款、以及未按图约来进行施工的惩罚条约等，房主应特别注意，并讨论增减内容。

⑥工程验收

通常设计公司会在此项条款中保障自身的权益，例如，完工后，通常房主须在5日内验收，若房主延迟要支付赔偿金等。房主应该特别注意，并确认自己可以接受才签约。

⑦保修

通常会提到保修期内如施工不良、材料不佳而有所损坏者，设计公司应负免费修复之责。

⑧其他事项

包含双方有争议时，该由什么单位协调等。

⑨公司及负责人大小章

包含双方的身份证字号及盖章等，除了设计者外，公司的公章可是一定要盖的。

阶段性任务验收清单

恭喜您完成阶段性任务！为避免有遗漏的部分，
请依照下列问题指示，准确验收阶段性任务。

1. ☐ 已了解我的预算需求

2. ☐ 已能概略掌握各式装修行情（请确认以下细项）

   - 木作工程●水电工程●泥作工程●油漆工程
   - 卫浴与厨具●冷气设备
   - 拆除与垃圾清运●监工与设计费用
   - 家具采购或订制

3. ☐ 看懂设计师或施工方所提供的报价单

4. ☐ 能有效编列预算

5. ☐ 了解合约内容的重要项目

6. ☐ 已能掌握了解工程签约重点

10

正确选材，
免花冤枉钱

阶段任务：
选择合适的建材

40 挑选建材 5 大考量
41 认识基本建材

【专题必修课】居家常用建材速览

40

挑选建材的5大考量

建材的使用不只影响空间氛围及风格，更关系着后续清洁、保养甚至安全的问题。充分了解每种建材的特性，不仅有助于与设计师或施工方沟通，监工时也能了解设计师或施工方是否用对建材，避免挑错建材，花冤枉钱。

不管是找设计师或是自己发包工程，对于建筑的用料、素材一定要有所了解。一般来说建材是指用于建筑和土木工程领域的各种材料的总称，狭义上的建材是指用于土建工程的材料，如钢铁、木料板材、玻璃、水泥、涂料等，通常将水泥、钢铁材和木材称为一般建筑工程的三大材料。广义上的建材还包括用于建筑设备的材料，如电线、水管等。

建材与价格，牵一发而动全身

建材所包含的范围极广，但一般人很少去思考建材的应用，甚至有些人把建材都给设计师来决定．其实，建材的好坏不但跟生活有很大的关系，而且价钱也差很多，建议最好能先了解，以免被设计师误导。若等入住后，才发现建材不适合，或等一切都完工之后再想替换建材，都为时已晚。

建材除了功能、性质之外，表现出的视觉效果也会不同。对建材有所了解，才能知道设计师及施工方使用的建材是否为自己所需。怎么知道自己或设计师挑选的建材是否适合呢？在采购前就应从家人成员喜好、空间、预算、风格及施工条件等方面考量。

精准装修 TIPS

不一定贵就适合

并不是说买贵的建材就代表是好的，例如壁纸的选购，不同价格的壁纸，摸起来的质感上是有不同，但在风格营造上，只要用对颜色配对花色，展现的效果是可以提升价值的。因此，选建材最重要的是符合预算自我需求。

■ 采购建材前的5大考量

①家庭成员

首要考量的当然是居住其中的人，家中若有老人或行动不便者，大理石或抛光石英砖这类光滑材质就不适合；若家中有小孩或宠物，木地板则容易被破坏，还有铁件这种容易对孩子造成伤害的材质也最好避免使用。

插画提供©Left

②空间特性

每一种材质都有其优缺点，潮湿的环境如厨房、浴室等，就不适用木地板及壁纸等怕潮的材质，所以在选择材质时也要考量到空间特性。

③预算高低

材质的预算落差很大，以地板为例，昂贵的大理石1平方米可能1千多元，便宜的PVC地板只要几十元，就算是同一种材质，价格也有差距，所以当预算有问题时，调整材质寻找替代建材是很好的解决方案。

④空间风格

空间风格营造是否成功，常决定于材质的选择，若空间风格走向是乡村或地中海风格，就要选择温馨、质朴、自然质感的材质，过于冰冷的大理石就不适合了。

光洁温润的石材地板，较适合现代简约风格的设计。图片提供©筑青设计

⑤施工时间长短

每一种材质所需的施工期不同，以地板为例，石材或瓷砖类材质，要先将地面粉光，所需要的时间最少也要一周以上，若有完工时间压力者，要连施工时间一起考虑进去。

地面施工时间长短不一，应依工时需要考量地板材料。

41 认识基本建材

怎么知道自己所找的设计师及所依赖的施工方挑选的建材是否真正适合自己的需求？就要从认识建材特性开始！

住宅装修常用的建材主要用于天花板、地板、墙面，重要的项目包括木质地板、石材、砖、铁件、水泥、塑料、板材、涂料、墙饰、玻璃等，针对某些特定房间所需的功能设备会有固定的素材，如厨房、卫生间等，另外收纳方面的材质，除了木作订制外，时下各式成品组合柜品牌款式包罗万象、质感精良，也是经济实惠的考量之一。

建材知识不可不知

不论工程发包或自行装修，了解建材特性再挑选适合的建材都是必要的过程。除了本书介绍的大众化建材外，坊间许多书籍、网站及讲座等，都是吸收建材知识的渠道。了解越清楚，对自己的装修越有助益。

充分了解建材性质不仅更利于施工中沟通，也能透过材质的活用混搭创造独一无二的空间美感。图片提供©浩室设计

■ 各式装修建材一览表

木材
实木 / 集成材 / 特殊树材 / 回收木

石材
大理石 / 花岗石 / 板岩 / 抿石子 / 薄片石材 / 洞石

砖材
抛光石英砖 / 文化石 / 陶砖 / 板岩砖 / 复古砖 / 木纹砖 / 花砖 / 马赛克砖 / 特殊砖材

板材
天花隔间板材 / 木质板材 / 装饰线板、美耐板 / 水泥板

金属铁件
铁件 / 镀钛金属

塑料
环氧树脂 / 环保塑合木

玻璃
玻璃 / 烤漆玻璃

涂料
水泥漆 / 乳胶漆 / 硅藻土 / 天然涂料 / 特殊涂料

水泥
水泥粉光 / 清水模

壁纸
PVC壁纸 / 纯纸 / 无纺布

厨房设备
台面 / 橱柜 / 炉具 / 抽油烟机 / 水槽

卫浴
水龙头 / 面盆 / 马桶 / 浴缸 / 淋浴设备 / 浴室柜 / 五金

门窗
大门 / 室内门 / 气密窗 / 百叶窗 / 卷帘门窗 / 防盗格子窗 / 门把五金

组合柜
板材 / 门片 / 五金

[专题必修课]常用建材速览

木材

木质建材通常用于地板、墙面、家具及柜体等，依照制成手法和树种，通常分成实木、集成材、特殊树材和二手木四大类型。

摄影©Yvonne

◆ 实木

实木常以整块原始素材运用，或是做成实木木皮运用在电视墙、客厅卧室墙面、柜体门板、天花板等，还可通过加工处理打造不同的木质效果，如以钢刷做出风化效果的纹路，或是染色、刷白、炭烤、仿旧等处理。

实木地板的特殊差异

实木若用作地板，厚度多为1.5~2.1厘米，木纹清晰自然，最能表现温馨朴实的自然质感。实木地板依制作方式可分为原木木地板和集成材木地板，原木木地板常用枫木、柚木、檀木和橡木等为主要材质，共同的特点为防潮性佳、油质高。集成材木地板主要是将不同颜色的实木地板以横向拼接方式呈现，因此常被设计师用来做一些特殊的墙面或面材，用来强调视觉上的差异感，塑造风格。

另有一种复合式实木地板（又称海岛型木地板），表层为实木厚片，底层以杂木、白杨木或柳安木作为基材，再使用胶合技术一体成型，具有防水功效，也因此能达到抗变形、不膨胀、不离缝的标准，防潮系数相较于实木地板、超耐磨地板更高。

◆ 集成材

集成材是拼接有限的木料而成的木材再制品，由于近年来森林砍伐受到限制，木材取得困难，集成材加工便捷且制成品具有高衍生性，目前已被大量使用，在装修、家具或建筑上，都能看到集成材的运用。

集成木地板的种类区分

集成材可作为运用在木地板表层的实木厚片或底材，常见有集成材海岛型木地板、超耐磨地板底材等。集成实木地板为整块以集成木材制成，集成海岛型木地板则是在表面贴覆集成实木，由于是由不同木种拼接而成，在外观可看出深浅不一的木纹颜色。

超耐磨地板依结构有底材、防潮层、装饰木薄片和耐磨层。通常底材为以集成技术制成的高密度板，具有防虫和低甲醛的特点。另外，超耐磨木地板的耐磨层以三氧化二铝组成，具有耐磨、防火、阻燃等优点。

◆ 特殊树材

由于全球木材日渐耗竭，为寻求替代资源，人们开始开发木材的代替品，其中以橡树皮和竹材的副材质最具代表性。

产期快速的竹材

竹材的生命力旺盛、生长期短、运用广，经常作为代替实木地板的建材。通常在选材上以孟宗竹为主。最好的竹材年龄是4～6年，正是竹子的壮年时期，取材方式包括纵切与旋切式两种，这两种不同的取材方式都能将竹皮独特的枝节特色完全显示。

不断再生的橡树皮

橡树的树皮通常应用于地板，由于橡树种植25年后即可剥采树皮，且树皮具有恢复性，可自然再生，因此人们就针对此项树材研发出新型的软木地板。软木地板被视为绿色建材的标志性产品，每采用1平方米软木地板，每年估计可减碳150～195千克。

◆ 回收木

由于原木料日渐稀少，近年来二手回收木材渐成为建材使用趋势，许多爱好者会直接到二手木材行去买回收木材制作家具，价格比全新木材便宜，是环保又划算的做法。但由于使用二手木材必须再整理，运用于装修上会比使用新木材更费时间，不过呈现出来的效果比起仿旧处理更有味道。由于木材的品质不一，选购者通常需要仔细观察木料，避免买到腐坏而不堪久用的回收木材。

如何挑选回收木？

可观察木纹颜色，若木材曾浸过水，则内部的木纹颜色会浮出表面，形成黄色的污渍，表面的木色就不干净清晰。另外，尽量不选购集成材，由于集成材为混合木材经过压缩再用胶水黏合而成，因此泡过水后会一片片剥落，再次使用的话，其使用年限较短。

石材

一般家中最常使用的石材包含大理石、花岗石、板岩砖、文化石以及抿石子，这些石材色泽、质感甚至表面光滑度皆有很大差异，能随不同特质创造特殊空间效果。

摄影©Yvonne

◆ 大理石

想提升空间的质感并营造低调奢华的氛围，大理石是最适合的石材，一般来说，依照表面色泽和加工方式，大理石大致可分为浅色系、深色系和水刀切割而成的拼花大理石。由于其花色纹路多，选择性多，古典和现代风都适合。因此虽然价格较贵，保养也较麻烦，但仍被广泛使用。

大理石浑然天成的自然肌理，最能展现空间中的大器感。图片提供©隐巷设计

◆ 花岗石

花岗石为地底下的岩浆慢慢冷凝而成，质地坚硬，矿物颗粒结合得十分紧密，中间孔隙甚少，不易被水渗入。吸水率低且硬度高的特性，使得花岗石的耐候性强，能经历数百年风化的考验，使用寿命很长。因此，花岗石十分适合作为户外建材，可大量用于建筑外墙和公共空间。花岗石依表面烧制的不同，可分成烧面和亮面，烧面的表面粗糙不平，因此摩擦力较强具有防滑效果，可用于浴室或人行道等。

花岗石施工不当易出现水斑!

常听到花岗石的"水斑"，水斑的形成是因为花岗石含有石英成分，在施工的过程中与水泥接触，未干的水泥湿气往石材表面渗透而产生化学反应，造成表面有部分的区域色泽变深。浅色的花岗石因含铁量较高，若遇水或潮湿时，表面易有红色的锈斑产生。因此在铺设花岗石时必须挑选品质良好的防护胶和防护粉，避免在施工中让花岗石受到污染。

◆ 板岩

板岩具有特殊纹路，却没有花岗岩或大理石般的冰冷，十分适合与木作搭配。板岩的结构紧密、抗压性强、不易风化、还有耐火耐寒的优点。由于板岩含有云母一类的矿物，很容易裂开成为平行的板状裂片，其厚度不一，铺设在地板时须注意行走的安全，在清洁上也需多费工夫。板岩的吸水率虽高，但挥发也快，也很适合用于浴室的装修，防滑的石材表面，与一般常用的瓷砖光滑表面大不相同，会有种回归山林的自谧感，触感更为舒适。

斜纹薄板岩低调淡雅的纹路，完整呈现出空间中的沉稳静谧。图片提供◎筑青设计

◆ 抿石子

抿石子其实属于一种泥作手法，将石头与水泥砂浆混合搅拌后，抹于粗胚墙面打压均匀，其厚度0.5～1厘米，常用于墙面、地面，甚至外墙，依照不同石头种类与大小色泽变化，展现石材的粗犷感。

抿石子所造成的特殊效果，运用在现代风格、自然休闲风格，甚至和式禅风都十分合适，其灵活掌握之处在石材颗粒的大小粗细。抿石子耐压效果良好，不容易因热胀冷缩而变形，因此用在外墙也不用担心剥落。

◆ 薄片石材

为避免在装修中大量消耗天然石材，人们制作出了薄片石材，也可称为矿石板。不但保留了石材独特的自然纹理，也减少了取材时的浪费，能在装修时轻而易举地彰显出不凡品味。此外，薄片石材具防水、耐低温特点，还可以应用于建筑物的外立面装饰。

◆ 洞石

洞石又称石灰华石，多为富含碳酸钙的泉水所沉积而成的。常见的洞石多为米黄色系，若成分中掺杂其他矿物成分，则会形成暗红、深棕或灰色。其质感温厚，纹理特殊能展现人文的历史感，常用于建筑外墙。天然洞石的毛细孔较大，易吸收水气，若遇到内部的铁、钙成分后，较易形成生锈或白华现象，在保养上需耐心照顾。

砖材

砖材是空间里不可或缺的基础元素。随着烧制技术的逐渐提升，再加上大众对居住环境与设计感的要求更多样化，瓷砖表面也多了变化，出现了仿木纹、金属或石材纹路等众多样式的瓷砖，甚至还有彩绘的花纹瓷砖能够塑造出亮眼的空间表情。

摄影©Yvonne

◆ 抛光石英砖

石英砖烧成后经机器研磨抛光，表面平整光亮，即为抛光石英砖。其颜色、纹路与石材相仿，具有止滑、耐磨、耐压、耐酸碱的特性，是居家最常用的地板建材。抛光石英砖不存在像大理石及花岗石地砖那样容易变质、吸水率高等缺陷，因此算是市场上极受欢迎的材料。

◆ 文化石

文化石有天然文化石和人造文化石两种。天然文化石是将板岩、砂岩、石英石等石材加工后，成为适用于建筑或室内空间的建材，人造文化石则是采用硅钙、石膏等制造而成，质地轻，重量为天然石材的三分之一左右，又具备防火、防霉的特性，且可以调配颜色，安装上也较为容易

文化石粗糙的表面，最能呈现出欧式古典风或乡村风味感觉。图片提供©杰玛设计

◆ 陶砖

陶砖是以天然的陶土所烧制而成，表面粗糙可防滑，一般用于户外庭园或阳台。由于孔隙多，易吸水但也易挥发，可以调节空气中的温湿度，同时还具有隔热耐磨、耐酸碱的特性。陶砖根据其使用范围，可分为墙面材和地面材，地面材又有室内和室外之分，一般室内使用2厘米以下的厚度砖即可。

◆ 板岩砖

目前市面上的板岩砖，大部分以石英砖的材质制作，耐用度和硬度较好。而新的数字上釉技术，让板岩砖纹路更自然，就像是天然石材切片般自然，让消费者拥有开阔舒适的感受。其制成的方法由坯土研磨、调制成形后，再利用高温窑烧后裁切修边制成。

◆ 复古砖

复古砖价格虽然比一般瓷砖高，但复古砖本身就具有强烈的风格特色，容易营造出独特的乡村氛围。有些复古砖的表面还做出仿天然石材的外观，呈现欧式庭园的感觉。清洁和保养都比较容易。

◆ 木纹砖

木纹砖顾名思义为仿木纹的瓷砖，虽是属于瓷砖材质，但因表层经过特殊处理，使用上虽不及木头温润，但还是有一定的温暖度。木纹砖除了在花纹风格、颜色深浅上有变化外，在尺寸上也有多种规格，这让木纹砖在拼贴手法上，也拥有和木地板一样多变的拼贴方式。

◆ 花砖

花砖具有多元丰富的变化，在空间中往往有画龙点睛的视觉效果，通常用于餐厨空间或营造特定风格。花砖多用于墙面装饰，若要用于地面做装饰，地砖和壁砖使用上的差别通常是以硬度及止滑度来分区。

◆ 马赛克砖

马赛克砖原是由各式颜色的小石子所组成的图案，除了一般的瓷质瓷砖外，还有加上金箔烧制的特殊瓷砖，甚至石材、玻璃、天然贝壳、椰子壳都被拿来做成马赛克砖，一般来说，颗粒越小，材质越特殊，则售价越高。

◆ 特殊砖材

因瓷砖的印刷技术日趋进步，现在人们可逼真地模拟出各种材质的纹理，也制成了各式各样的砖材。如布纹砖、皮革砖、金属砖等。虽然表现出来的质感不同，但实际上还是瓷砖。建议选购时，根据空间需求去选择合适的材质。

运用砖的多元变化，同一空间中呈现出各式风格。图片提供©采荷设计

125

板材

板材主用于隔间或天花板，原料通常为实木、硅酸钙板、石膏板、矿纤板等，除了实木板材之外，其他皆为合成材料，其中最常被拿来比较与讨论的就属硅酸钙板、氧化镁板与石膏板了。而木质板材多用于空间装修和柜体，其余如水泥板、装饰线板和清水模等板材，则主要用来于室内装饰。

摄影©Amily

◆ 天花隔间板材

目前以氧化镁板、石膏板、硅酸钙板等为主要的天花、隔间板材，在现今人们注重环保安全的前提下，耐久耐潮的硅酸钙板成为市场主体。而在功能的要求上，用来作为天花板及墙板的板材，除了要具备隔音、吸音的效果外，同时也要有防火、好清理的特性。

◆ 木质板材

在空间装修或是制作组合家具时，通常都会用到木质板材。木质板材的种类繁多，一般常用夹板、木心板、中密度纤维板（密度板）。由于其不易变形，并且具有防潮、耐压、耐撞、耐热、耐酸碱等特性，外层不管是烤漆还是贴皮，款式都很多样化。

◆ 装饰线板、美耐板

现今的装饰线板材质多半为硬质PU塑料，并以模具成型，因材质可塑性高，花样选择也就日趋多样。美耐板由进口装饰纸、进口牛皮纸经过含浸、烘干、高温高压等加工步骤制作而成，具有耐磨、防火、防潮、不怕高温的特性。

◆ 水泥板

水泥板结合水泥与木材优点，质地如木板一样轻巧，具有弹性，隔热性能佳，施工也方便。另一方面又具有水泥坚固、防火、防潮、防霉与防蚁的特质，能展现其他板材没有的独特性，因其美观的外形，近年来也经常用在天花板及壁板。

◆ 美丝板

美丝板是以环保木纤维混合矿石水泥制作而成的建材，外观可明显看出长纤木丝构造，粗犷又带有自然质朴简约的样貌，用于墙面或天花板的装修上，能让空间恰如其分地突出简约及充满禅意的韵味。

金属铁件

金属、铁件在室内建材中往往不是主要建材，却能有画龙点睛的视觉效果，能营造出各种个性风格。

图片提供©杰玛设计

◆ 铁件

铁材为是铁与碳的合金，另含硅、锰、磷等元素，依照合金元素的比例而分成不同种类，总称为碳钢。业界依外观颜色而概分为"黑铁"与"白铁"。铁件具有金属建材共通的优点且价格相对较低，因此常应用于结构材或装饰面材。若施以电镀、阳极化处理、喷漆或烤漆等工艺，能起到防锈效果并展现出迥异面貌。

◆ 镀钛金属

钛金属质轻、延展性佳、硬度高，多应用于装饰性的金属板材，称为镀钛金属板。镀钛金属板的镀膜耐酸碱，且表面不易黏附异物，无论是工厂或汽车排放的污染物质、温泉地弥漫的硫黄，或夹带盐分的海风，都不易腐蚀钛膜，因此用作户外建材也相当适合。

塑料

由于自然素材产量有限，许多替代建材开始受到注目，原本运用于厂房、停车场的环氧树脂和磐多魔材质，也渐渐用于室内设计，在建材选购上也为人们提供另一个崭新的方向。

◆ 环氧树脂

环氧树脂本身的材质特性可形成光洁且无接缝的地坪，具有防滑、不易龟裂的优点，还可因应环境需要实现防腐、耐酸、抗电等效果，近年来不少设计师将其使用在居家空间。

◆ 环保塑合木

环保塑合木又称塑木复合材料，为塑料与木粉混合挤出成型的素材，触摸的质感与木材十分相近，可减少树木砍伐，具备防潮耐朽的优点，多使用于居家阳台、公园绿地、风景区及户外休憩区等场所。

玻璃

有透光、清亮特性的玻璃建材，能达到引光入室、降低压迫感等效果，可以说是"放大"和"区隔"空间必备的素材之一。

图片提供©杰玛设计

◆ 玻璃

玻璃类建材目前主要有清玻璃、胶合玻璃、喷砂玻璃、激光切割玻璃、彩色玻璃、镜面等六种，依类别不同而有不同的透光度及视觉呈现效果，若作为隔间或层板使用，需注意厚度及承载力。

◆ 烤漆玻璃

烤漆玻璃在室内设计上，多使用于厨房墙面、浴室墙面或橱柜门片上，也可当作轻隔间或桌面的素材。由于具有多种色彩，又经强化处理，同时耐高温，适合用在厨房。

涂料

墙面涂料除了千变万化的颜色选择外，利用各种涂刷工具还可做出仿石材、仿布纹、仿清水模等视觉、触感几可乱真的效果，是让室内外轻松换装最有效率的方法。

图片提供©采荷设计

◆ 水泥漆

水泥漆具有好涂刷、好遮盖等基本涂刷性能，油性水泥漆耐候、耐碱、耐水，适用在房屋外墙。水性水泥漆则以水性亚克力树脂为主要原料，光泽度较高，室内外的水泥墙都可涂刷。水泥漆最让人诟病的是有机化合物VOC（VolatileOrganicCompounds）的挥发会产生危害，施工时须添加二甲苯加以稀释。

◆ 乳胶漆

乳胶漆的漆面细致、质感佳，和水泥漆相比，漆面更平滑，可呈现室内温润质感，虽然价格稍高且遮盖力差，工法程序需涂上3~4遍，但对居家氛围的营造有很大的帮助。

水泥

水泥可说是当今最重要的建筑材料之一，用于各类环境的建筑，除了架构建筑主体外，室内也用水泥施工，一般的水泥粉光就是以1：3水泥沙混合，虽然现今大多以瓷砖铺陈，但水泥的质地，及浑然天成的不均匀表面色泽，仍掳获不少人的心。

图片提供©隐巷设计

◆ 水泥粉光

水泥粉光地平是由水泥、骨料、添加物等材质依需求比例混合，为早期常见的装修地坪。由于水泥粉光会因施工时材料的品质、环境温湿度及人工经验等因素而呈现深浅不一的色泽、云朵纹路，十分受设计师及房主喜爱。

◆ 清水模

以混凝土灌浆浇制而成，表面不再做任何粉饰，呈现原始水泥的质感，优点是具有一体成型的美感，节省外立面装饰材料，但工法不易，必须要一次成形，考验施工的精准度。

壁纸

过去PVC壁纸几乎占据80%的市场，而今可回收、再生的纯纸浆壁纸与无纺布壁纸的比例明显增多，消费者的选择也就更多元化。

图片提供©采荷设计

◆ 纯纸

纯纸是传统壁纸的主要底材，对于特殊造型（例如弧形）等设计，使用纸质底材贴附的服帖度较好，然而纸浆价格越来越昂贵且资源减少，是目前最大的隐忧。

◆ 无纺布

用来取代纯纸底材的无纺布，孔隙较大，因此吸收糨糊的速度也较快。在欧盟规定下，壁纸已不用油性油墨印刷，而采用水性油墨，孔隙较大的无纺布底材，施工时改将糨糊上在墙上再贴附，避免因吸水渗透到面材上。

厨房设备

厨房设备主要有料理台面、收纳橱柜、炉具、抽油烟机、水槽等，随着开放式厨房的设计越来越盛行，原本密闭式空间的观念已被打破，厨房与生活空间的隔离逐渐消失，除了讲究功能外，美感的要求也越来越高。

图片提供©隐巷设计

✦ 台面

早期的台面多以天然石材为主，但由于天然石材拥有毛细孔，易藏污纳垢，因此研发出仿石材的人造石产品，具有耐磨、耐污、好清理等特性，整体造价也比天然石材低廉，已成为不少人使用的台面建材首选。另外还有美耐板、不锈钢、人造石、石英石材质，功能优劣各异。

	天然石	美耐板	不锈钢	人造石	石英石
优点	纹理独一无二，质感佳耐高温。，	防刮耐磨，好清理。	耐酸碱、高温，清理容易，可回收再利用。	硬度高，较耐磨防水。	耐高温、耐磨。
缺点	有毛细孔，易产生吃色现象，可塑性低。	不耐撞，表面如有破口易受潮。	表面易有刮痕。	怕刮、不耐高温，会有吃色的情形。	厚度薄则易脆裂。价格和安装费用较高。

✦ 橱柜

橱柜形式可分成吊柜和地柜。收纳设计包括拉篮、侧拉篮、抽屉分格柜等，另有用于转角空间的旋转式转盘，较不容易受限于空间而更方便拿取器皿。炉台旁的空间最适宜规划摆放料理调味瓶，有助于烹饪时顺手拿取。内部的收纳层架也是挑选的重点之一，大致有两种选择：固定式的层板和可移动的转盘。在转角处通常使用旋转盘，方便拿取物品之外，也不浪费收纳空间。

✦ 炉具

炉具可分嵌入式炉具、台面式炉具、电陶炉、电磁炉等，挑选时最好视自己下厨的频率、习惯考量，选购嵌入燃气炉及台面燃气炉前，要特别考量炉具的挖孔尺寸大小。

◆ **水槽**

水槽有不锈钢、人造石、陶瓷等材质，可依下厨偏好、习惯及价位来选择，由于烹饪过程中洗涤频繁，在动线的设计上要流畅顺利，才不会影响煮菜的节奏，以一字型厨房为例，洗切炒的动作放在同一侧较好，水槽与燃气炉之间的工作台面长度以60～80厘米为佳，这样有足够的空间进行备料工作。

◆ **抽油烟机**

抽油烟机最常见的便是侧吸式或顶吸式，不过由于开放式厨房日益普及，拥有时尚外观的欧式抽油烟机及一些特殊造型也很受欢迎。一般来说，抽油烟机的宽度最好比燃气炉宽一些。燃气炉宽度一般为70～75厘米，因此最好选择80～90厘米的抽油烟机。

安装抽油烟机的重点

1.注意排风管管径大小

有些大楼配置的是小管径排风管，后来再接上设计的大管径排风管，因尺寸上有落差，连接后会出现风阻问题，导致排风量锐减，因此必须特别注意管径是否相同。

2.排风管不宜太长及弯折过多

排烟管线最好能在4米以内，不可超过6米，建议在抽油烟机的正上方最佳，可以隐藏在吊柜中，此外最好避免排风管有两处以上转折，否则容易导致排烟效果不佳。

3.评估墙面是否稳固

因为抽油烟机需装设于墙面上，以避免日后或运转时发生危险。

4.装设位置附近应避免门窗过多

抽油烟机摆放的位置不宜在门窗过多处，以免造成空气对流，从而影响排烟效果。

卫浴

越来越多人在居家装修中重视卫浴空间的功能与质感，多元的造型变化加上性能提升，让卫浴往精品的方向不断延伸。结合造型美观以及强大的功能，将工艺品般的艺术性与实用性发挥到极致，让沐浴成为生活中的一大享受。

图片提供©隐巷设计

◆ 水龙头

水龙头目前主体芯大都以陶瓷芯为主，使用年限10年以上。而外材质有锌合金、铜镀铬、不锈钢等，锌合金成本较低，使用年限较短。铜制的水龙头则因铜的纯度不同，品质也有差别，因此选择时材质越纯、重量会越重，相对价格也越贵，加上铜外面镀铬的厚、薄度也会影响品质。不锈钢则因不含铅，兼具环保与健康，使用年限较长，也较耐用、不易产生化学变化，因而常用于温泉区。但因材质不易塑形，而无法有多种变化。

安装水龙头时需注意出水孔的距离

装设时必须牢牢固定，并注意出水孔距与孔径。尤其是与浴缸或者水槽、面盆接合时，都要特别注意，以免发生安装之后出水不顺而不方便使用的情况。

◆ 面盆

以目前市面上常见的面盆来看，在造型上、材质上都相当多样化，从石材、陶瓷、玻璃、金属到具有纳米材质的面盆，琳琅满目，然而从空间使用与搭配的角度而言，浅色、纯白的面盆仍为主流。当然，使用彩绘或者其他颜色的面盆，可将浴室空间点缀得更有特色，因此搭配的概念也在选购面盆产品上占有重要地位。一般来说，面盆可分为上嵌式和下嵌式，两种不同的做法会让面盆有不同的呈现，最主要的是要配合石材台面，注意高度是否符合人体工学，并且要注意防水收边的处理。

◆ 马桶

一般家用马桶的材质大多以陶瓷制成，依冲水功能可分成虹吸式、喷射虹吸式、漩涡虹吸式、洗落式等。不同冲水法对于声音、用水量都有不同的影响。马桶的设计又可分成以下三种。

单体式：马桶与水箱为一体成型的设计，多为虹吸式马桶，特点为静音且冲水力强，但要注意水压不足的地方如顶楼不适合安装。

二件式：马桶和水箱分离，利用管路将水箱与桶座主体串联，造型较呆板，优点为冲洗力强，缺点为噪音大。

壁挂式：将水箱隐藏于墙面内，外观只看得到马桶。安装时，利用钢铁与嵌入墙面的水箱连接，优点为节省空间，缺点则为安装手续麻烦，必需事前规划。

壁挂式马桶简洁的外形放大了浴厕空间，只是安装较麻烦，需要空间施工时预处理。图片提供©筑青设计

◆ 浴缸

市面上贩售的浴缸种类相当多样，价位从几百元到上万元皆有。以材质来区分，大致有亚克力浴缸、FRP玻璃纤维浴缸和铸铁浴缸等类型。亚克力浴缸与FRP玻璃纤维浴缸为市面上最常被选购的浴缸，亚克力的保温效果佳，但表面容易刮伤。FRP玻璃纤维为现在最普遍的浴缸材质之一，安装搬运方便，但容易破裂，在使用上要多加小心。

◆ 淋浴设备

淋浴拉门主要有PS板、强化玻璃两种材质，PS板是聚苯乙烯，硬度比亚克力高，但相对较脆，价格较低。缺点是透明度不够，造成透光性较差。强化玻璃在酒店客房相当常见，除了耐撞程度高，高透明度的特点也可让浴式空间放大，在视觉上也有极佳的表现。淋浴拉门的设计从最简单到复杂的设计均有，有L型拉门、圆弧形拉门等，在选购前要特别注意与主体空间是否能配合。

◆ 浴室柜

浴室柜通常有壁挂式、柜脚式或是有轮子的移动柜。吊柜式设计通常会降低对小空间的压迫感，且吊柜的尺寸多，可依空间大小来选择。柜体离地的设计最主要是为了隔离地面潮气，建议最好离地15厘米以上，视觉上也会减低柜体的重量感。浴室柜所附属的金属零件通常也应经过防潮处理，以防潮湿的环境使零件老化从而减少柜体的使用寿命。

门窗

门与窗在设计上多半与安全、气密、隔音、隔热、节能相关，只是除了性能之外，门窗材质的要求也越来越严格，合格的材质加上特殊设计，将能让门与窗的整体质感更精致。

◆ 大门

大门为连接室内外的重要核心，使用材质往往选用能兼具防盗、防爆效果的类型，以维护一家人的财产与生命安全。一扇有艺术质感的大门，代表着住宅门面，同时也象征了主人的生活品味，因此不少家庭十分重视大门的形式。选购大门时首先且最重要的是安全考量，如材质的强固性、门锁防盗性等，另外还须符合防火安全标准。玄关门的材质除了不锈钢、镀锌钢板及铝合金之外，也有黑铁钢板、钢木、锻造等不同材质。

◆ 室内门

室内门包括房门、卫浴门，以及阳台、起居空间的门片。除了传统的实木材质之外，也有玻璃、钢木、铝合金和PVC等材质。依开启形式，室内门分成平开门、推拉门、折叠门等，选择与空间搭配的门片比例与造型，不但具有装饰效果、能为居家风格加分，有时还可营造视觉上放大空间的效果。室内门不仅具有区隔空间、遮蔽隐私的功能，品质较好的门片也能有效阻绝室内噪音，让各个独立空间不互相干扰，确保良好的生活品质。

推拉式的门能让室内空间弹性运用。图片提供©杰玛设计

◆ 气密窗

居家防水、隔音效果要想好，气密窗绝对不可少。由于通过特殊的真空双层玻璃制成，气密窗不仅能隔音，还因本身具有排水槽的设计可有效减轻房子渗水的困扰。气密窗窗框的素材选择非常多样，易于搭配各种风格和设计。

◆ 百叶窗

百叶窗的功能多样，关起来时能让空间保有隐私性，打开后又使空间具有穿透感，且能让室内通风。虽然价格稍高，但百叶窗本身的造型就能营造独特的氛围，存在感极强。

◆ 卷帘门窗

卷帘门窗常用于建筑物窗户、落地门，以及阳台、车库等空间。其结构原理为利用轴心中的管状马达，控制卷帘门叶片上下。卷帘门窗材质不同、特色各异。卷帘门窗的另外一大特点则是卷帘片内含透气孔，可依个人需求或天气变化，自由选择卷帘片气孔全闭或开启。当卷帘片保留透气孔时，可使内外空气流通；紧闭时则能防止风雨进入室内，灵活调度运用，犹如一道会呼吸的门窗，比一般传统铁门功能更佳。

百叶窗兼顾隐秘性与穿透感，同时能营造轻松的居家氛围。图片提供©浩室设计

◆ 防盗格子窗

防盗格子窗，结合气密、隔音及防盗多重功能，材质一般以铝合金或不锈钢格为主，有些品牌以穿梭管穿入，增加架构强度；有些则是以六向交叉组装模式，增加阻力。窗格内外紧贴强化或胶合玻璃（一般外玻璃约5～10mm、内玻璃约5mm），双层玻璃中央真空设计，可减缓玻璃对温度及音波的传递，达到维持室温，并有效隔绝室外噪音。

◆ 门把五金

好的门把、五金配件，使用起来不仅顺手，还能延长门窗、柜体等的使用寿命。过去门把五金多以金属为主，如今则增加了陶瓷、水晶、琉璃、PVC等多种材质，能满足现代人对空间风格的整体搭配需求。居家中的门把手，形式上可分为外显把手以及隐形把手（如隐藏式或弹开式）。不同材质、不同样式的门把手能营造出全然不同的风格。建议选购前综合评估考量，才能满足全家人的使用需求。

组合家具

所谓组合家具，指的就是高度相容、彼此可自由组合搭配的模块化家具组件，包括五金、板材和门片；成本往往比木作柜、订制家具低。选择用组合家具也是个节省时间的方案，只需组装、无须施工，不仅省去施工时间，还可避免切割木料所造成的粉尘污染。

板材

在组合家具元件中，板材是构成所有家具的主体，无论柜身、柜体、门片等，都少不了此元件，常用板材种类有塑合板、发泡板和木心板。

门片

组合家具由于是固定元件的运用，最令人诟病的是其外观形式比较单一，想要营造特殊风格，门片就是最重要的选项，木门、玻璃门片、烤漆门片、皮革门片、美耐板等不同材质能创造不同质感，结合组合家具可随时替换元件的优点，简单换门片就仿佛添购了新家具。

五金

五金是系统柜中的配角，虽然看起来不起眼，但使用品质优良的五金能让系统柜在设计搭配上获得不少加分。然而进口的五金就一定比较好吗？其实不然。不同产地的五金，会有不同的优势，不妨依照自己的需求和预算来选择国产或进口的五金。

除了固定式组合家具的应用外，有些家具品牌将预订制作与模块化组合家具交互运用，以轻装修取代木作装修，也能呈现极佳质感。图片提供©有情门

Step

11

了解施工流程
有效监工

阶段任务：
掌握施工流程，有效监工并精准验收

Day6-25

Day26-30

42 重点监工掌握品质

即便有设计师代为监工，为避免工程纠纷，房主也要多关心工程进展；除了要了解施工方式，装修流程，懂得进度管控外，还要合理运用各项工程监工表单，充分掌握施工品质。

监工前一定要对各工程项目的流程做一个全盘性的了解，由于各项目的施工内容会有所差异，以及设计师及施工方的习惯不同，所以各项目实际状况还是会有些许的调整或出入，也将其中重要的几项工程如拆除、泥作、铝窗、水电、空调、木作、组合柜、油漆等施工内容逐一在后面重点列出。

许多房主会对工程监工没有信心或感到茫然，毕竟专业的监工人员经验会远远超过一辈子可能没装修过几次房子的房主，特别是在琐碎的施工沟通和衔接中，以及突发状况的处理上，通常会耗费超乎预期的精力和时间，因此有很多专业人会建议请监工负责与施工方沟通。专业监工负责监督施工保障品质，但不碰钱。包工与资金经过房主，工程串接、验收等由监工负责，这样可以兼顾品质、预算与风格。

监工有问题
先理清责任再继续

在监工时若有发生问题，建议先停工再理清责任。有时不见得是工程做得不到位，建筑物本身结构若有问题，工程所能弥补的也很有限。

快省准小百科

监工费用怎么算?

监工费全名应叫"监工管理费"，监工费的计算方式，大致分为如下几种。1.只收工程费，不收监工费。2.设计与工程统一发包，监工费内含。3.按总工程的百分比计算，这也是目前较多设计公司所采用的方法。监工费占总工程费的5%～10%，但仍要由工程的大小及复杂度决定。还有一种是以天数计算费用，目的是为了保证工程如期完成。

监工的方式有许多种，可依自己的需求选择最适合的方式。
插画提供©黄雅芳

■ 装修工程流程及时间简图

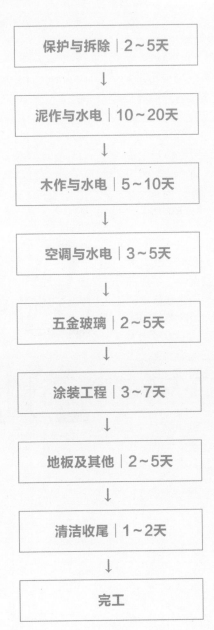

保护与拆除｜2~5天

↓

泥作与水电｜10~20天

↓

木作与水电｜5~10天

↓

空调与水电｜3~5天

↓

五金玻璃｜2~5天

↓

涂装工程｜3~7天

↓

地板及其他｜2~5天

↓

清洁收尾｜1~2天

↓

完工

■ 施工准备：避免不必要的烦恼 —— **保护**

保护工程是装修工程的第一步，在所有施工工程进行前，必须先将公共空间及室内空间做好防护措施，才能确保之后工程安全、顺利地进行。如果没有妥善的施工保护，日后在施工中容易造成原有建材破损，导致后续工程运作上的麻烦，同时也会影响进度，若损坏情况严重，还必须将被破坏的部分修复或重做，不但要多花一笔钱，而且会耗费更多时间。因此一开始就把保护措施彻底做好，会对之后工程有非常大的帮助！

保护工程重点

拆除前公共区域包含楼梯电梯及大厅等，以及房屋室内地板及墙面，都要铺保护板，保护板大部分材质是塑料中空板，用来保护地板、门、家具等。抛光地板及木地板建议铺3层：PU防潮布为底层，中间为瓦楞板，最上层为夹板。铺板前一定要先将地板粉屑彻底清扫干净，否则保护板下的粉尘很容易刮伤抛光地板。

拆除前的防护措施

燃气管总阀门要先关闭，窗户、开口处、楼梯扶手或人、物容易坠落处，要拉起警戒线，现场需要准备灭火器，并要有拆除时造成走火意外的断电危机处理，以上拆除现场安全的留意很重要。另外，厕所、阳台的排水管应先塞好，墙中或地面的暗管管线都要先做好保护，不能让拆除时异物掉入以免造成堵塞。

公共区及室内地板及楼梯扶手等都应铺上保护层，作好基本保护工作。

■ **保护工程**流程

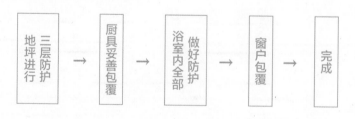

三层防护地坪进行 → 厨具妥善包覆 → 做好防护浴室内全部 → 窗户包覆 → 完成

计划阶段　人员准备　装修设计　Day1-5　Day6-25　Day26-30

■ 建设前的必要破坏 —— **拆除**

所谓先破坏而后建设，要建立一个新的家，"破坏"是要做的第一件事。顺序简单来说就是由上到下、由木到土，当然也必须依照现场情况弹性调整顺序。

两种拆除法视情况选择

拆除工程进行的方式，通常可分为一次性拆除和分批拆除两种。一次性拆除是指在同一时间内全部拆除，虽然节省时间，但同时间人机过多、场面混乱，不好掌控进度，也容易有遗漏，且机器同时共振更容易产生裂缝，虽不至于造成危险，但却有碍美观。

分批拆除通常视拆除项目分2~3天进行，可减少施工噪音，对邻居的影响也较小，现场控管可仔细检视，避免二次拆除的状况发生。拆除工程完工后，要确认两件事：第一，核对拆除工程是否完整、准确；第二，检查墙壁是否牢靠，在拆除人员退场当天，可请设计师到现场，一同检视隔间墙和梁柱之间有无裂缝，若发现有"规则性"的直裂纹或横裂纹，表明和原墙结构衔接不佳，

应与设计师讨论如何解决，以免日后发生倒塌等不安全的状况。

拆除墙面时须留意墙内管线。图片提供©有情门

■ **拆除工程**流程

木作装修表面装饰 → 天花板 → 隔间墙 → 地板

■ 盘根错节，牵一发而动全身 —— 水电

水电工程顾名思义就是给排水工程和电力工程的合称，属于藏在内部的隐蔽性工程，因此施工后很难从表面看出好坏，若有了缺失需要改善、补救，将会是一件很麻烦的事情。

这里的"水"指的是冷、热水管的配置、排水管以及卫浴配件组装等。"电"，指的是强电和弱电。强电：旧电线换新、电容量的分配、基础灯具及暖风机等的装设。弱电：有线电视、电话、网络、门禁管制、监视录影等相关设备。水电工程的每个步骤都非常重要，不只过程中必须谨慎进行，完工后也要加以测试，例如给排水管接好后，要通过蓄水、加压等方式，检测有无漏水或是否畅通，只有仔细验收才能避免日后发生使用上的问题。

■ 水电工程流程

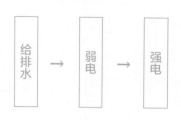

给排水 → 弱电 → 强电

精准装修 TIPS

加压试水可预防事后漏水情况

漏水常常是因为零件没有装好或是少了步骤等原因造成，例如水管接头要上胶避免漏水，最好的确认方式就是测试。接好水管之后，在泥作进场填补做防水前，必须加压试水至少24小时。24小时内常保管内有水，并且用加压机增压至每平方10千克/平方厘米的压力，测试管径和接头是否足以承受水压，确定没有漏水的情形才可进行之后的工程。

排水管试水不加压，直接倒水看通畅与否。
图片提供©朵卡设计

■ 隐藏的空间工程 —— **空调**

进行房屋装修时，很多人着重拆除、隔间木作、墙面，地面施工，但往往全室装修完毕后，才想到看不见、摸不着的空调施工，也才开始进行冷气安装，导致冷气管线外露，破坏了原本美美的装修。其实空调包含了与室内空气调节相关的工程，如冷气、暖气、除湿等。由于需要安装冷媒管、排水管、室内机等设备，必须在木作工程前先部分安装，才能确保将这些管线、机器被木作包覆好，不影响室内空间的美观。中央空调还必须考虑回风口、维修口的规划，预防因空气对流不佳导致空调功能无法发挥，甚至日后无法维修等状况。

若在设计之初，没有将空调系统纳入计划，未来势必将以"明管"的方式规划，大大破坏了室内的美观，建议先预留管线及室内机的开口位置，暂时不安装室外机与室内机，这样一来以后要装设空调机器时，就能少掉一笔花费，也不至于影响美观。

冷媒管与排水管可在木作前预先牵好，空调则应由空调公司专业人员安装。图片提供©朵卡设计

■ **空调工程**流程

配置冷媒管与排水管 → 木作包覆 → 装置空调背板 → 安装冷空调，连接管线 → 空调完成吊挂式

■ 为房子打上一层BB霜—— 泥作

凡是涉及水泥和砂的，都属于泥作工程的范畴，从大规模的砌砖墙、打底、粉光、贴瓷砖，到小规模的局部修补等，样样都跟泥作脱离不了关系。即便没有牵涉到水泥和砂的防水，也属于泥作工程之一，因为防水必须与泥作配合，墙面和地面都要整平，墙面经过初胚打底后，才能够上防水漆，地面则在拆除水电配管、泥作泄水坡度做好打底之后，才能够上防水漆。

空间因为有了泥作工程，而变得不一样。原本犹如素颜的房子，经过泥作的

"化妆术"变得更精致。从涂上打底层开始，填补表面的坑洞、不平整，到粉光进行更为细致的瑕疵修饰，泥作工程就像房子的彩妆师，为空间打好基底之后，让之后的油漆工程、贴瓷砖工程、墙面装饰等能顺利地进行，呈现良好的效果与质感。正因为泥作在装修流程中占了如此重要的地位，所以施工品质十分重要，必须建立好基础，后续工程才能按部就班地完成。

泥作工程就像给房子上BB霜，为空间打好基底之后，就能顺利进行贴砖、油漆等工作。

图片提供©朵卡设计

■ 泥作工程流程

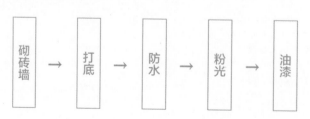

砌砖墙 → 打底 → 防水 → 粉光 → 油漆

■ 时间紧迫的门户洞开工程 —— **铝门窗**

铝门窗工程通常会搭配泥作工程一起进行，施工分为干式和湿式，所谓干式工法，就是用钉子固定再用硅胶塞水路，讲究一点的厂商会在窗框内灌发泡剂加强防水隔音。此工法常用于旧窗外框不拆除而直接安装新户窗时，阳台外推另加装窗户时，或雨水不会直接接触窗户的情况。优点是施工干净快速便利，适合已经有人居住的房子，缺点则有窗框宽厚不美观，隔音效果较差，容易漏水。若原来旧窗有漏水的情况，就不可用干式施工，而必须用湿式工法，整治漏水再装窗。

湿式工法就是一般铝门窗安装在墙面的方式，须经过泥作填缝，所以才叫湿式，做得好隔音防水都较佳，全新窗也较好看，用于开新窗、拆旧窗框后重装。窗户漏水大半都是因为填缝不佳，而拆旧换新时因为旧材残留，更容易发

生漏水现象，因此湿式工法要注意的点较多。

无论用何种施工法，铝门窗的更换最好能在同一天拆除、装设，以避免空窗期造成安全问题，因此施工进场时间必须控管得宜。

室内铝窗通常会先在装设铝框，施工后才安装上窗户，室外则是一并完成以防刮风下雨及防盗。
图片提供©有情门

■ **铝门窗工程**流程

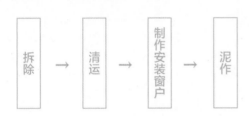

拆除 → 清运 → 制作安装窗户 → 泥作

■ 千变万化的自然素材 —— **木作&组合柜**

传统木作范围包括"天、地、墙"，几乎涵盖了室内装修的主要部分，有时木作人工的费用很可能比材料费还高，除了木作，在工程进行时，电器设备的管线配置也可同时与木作配合，例如：可将悬吊音响的管线埋藏在天花板中、鞋柜内可装设抽风机、衣柜内可装设灯光及开关、电器柜内可预留插座等，这些都是木作才有的优点，此外，木作还有造型多样，能100%量身定做的优势，这些都是现成的家具无法做到的。

除了天地墙之外，收纳功能的柜子在居家装修中，往往占有举足轻重的地位。由于尺寸需依户型、室内格局以及需求而定，许多家庭会以量身订制的木作柜处理，但随着时代演进，大量模块化制造的组合柜也渐成为省时省钱的选择。

过去组合柜给人固定的、制式化印象，不过现今组合柜能依照现场空间的尺寸量身定做，且拥有各式各样的五金配件可供选择，依照喜好搭配适合的配件与板材，其变化性和过去相比已不可同日而语。只是系统柜板材有弹性上的限制，较难做出复杂的弧形或曲线造型，因此与木作柜仍各有优势。

木材种类繁多，在木作的天地壁柜上若能灵活使用，将能轻松引导居家舒适的气氛，与文化石、玻璃等不同材质搭配，还能呈现不同的质感。图片提供©杰玛设计

■ **木作工程**流程

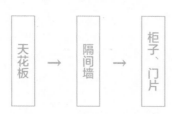

天花板 → 隔间墙 → 柜子、门片

■ 浓妆艳抹得相宜 —— **油漆**

油漆工程往往从表面就能看出品质好坏，因此整个流程必须严格管控，才能呈现最完美的样貌。由于油漆施工时需要做保护工作，否则会影响其他工种的进行，且其他工种所造成的灰尘，也可能导致油漆涂装品质不佳，因此当油漆工程进行时，不得安排其他工程，以免影响品质。油漆进场的时间通常在木作退场之后，为了确保油漆工程的品质，建议在木作退场时将现场清扫干净，提供一个清洁的环境给油漆工程。

油漆工程就像女生的妆容，必须完美无瑕才会赏心悦目，所以在监工时要注意批土（也叫刮腻子）有无遗漏、结实、墙面摸起来是否粗糙、转角是否呈现漂亮的尖角，打磨后墙面是否还有颗粒，天花板维修口处的缝隙有无缺角等，都是需要特别留意的检查细节。

建议请师傅现场调色并在墙面试色，这样才能依室内光源变化正确选择用色。图片提供©朵卡设计

■ **油漆工程**流程

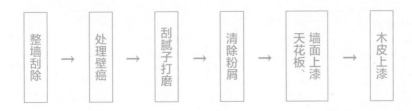

整墙刮除 → 处理壁癌 → 刮腻子打磨 → 清除粉屑 → 墙面上漆、天花板 → 木皮上漆

■ 满室温馨暖意的关键 —— **木地板**

地板材质种类包含了大理石、瓷砖、人造石、木地板等，其中以自然、温馨的木地板最受欢迎。木地板不只室内空间适用，户外区域及阳台也常见使用，由此可见大家对于木地板的喜爱程度。

木地板有深浅色之分，可依照风格及喜好挑选、搭配，在材质上则有实木地板、复合式地板可选择，复合式木地板与实木地板相比，更低碳环保，质感也

并不逊色，且防潮性佳，不容易受潮变形。

在木地板工程完成后，后续若还有其他工程需要进行，应做好防护措施；在搬运家具时，也务必抬起家具移动位置，千万不能直接拖拉以免伤及地板。

具有温润质感的木地板最能够改变空间氛围，让居家呈现舒服温暖的感觉。图片提供©隐巷设计

■ **铺设地板工程**流程

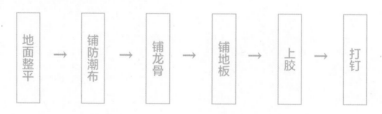

地面整平 → 铺防潮布 → 铺龙骨 → 铺地板 → 上胶 → 打钉

■ 收尾功夫不可马虎——清洁

装修到了尾声，新家大致成形，许多房主都会期待快点入住，不过入住前的清洁工作必不可少。因为装修时所留下的大量工程垃圾及粉尘都会危害居住者的健康。做好清洁工作，才能够更踏实地入住新居！

专业装修清洁通常会以专业工具处理，例如大功率吸尘器、拖地机等不是一般家庭清洁使用的电器，而使用的清洁剂也不大相同，专业清洁剂通常都比家用的强效，如有不慎也容易破坏装修，因此要有专业知识的清洁人员才可熟练操作。

当然，我们也可以选择自行清理，只是有几点需要注意。

①装修粉尘极多，打扫用吸尘器不但吸力要够，也要注意集尘袋（集尘盒）是否已满，否则吸尘器很容易烧坏。

②不要用强酸强碱或是特殊溶剂清洁，以免破坏建材。

③多找一些亲朋好友来帮忙，这是远比平日大扫除更繁重的工作。

即使迫不及待地想要入住新居，也还是要注意柜体内的粉尘、残胶是否已彻底清理。图片提供©有情门

■ 清洁工程流程

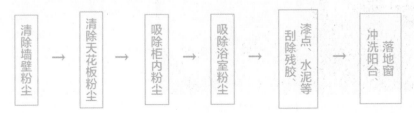

清除墙壁粉尘　→　清除天花板粉尘　→　吸除柜内粉尘　→　吸除浴室粉尘　→　漆点、水泥等刮除残胶　→　落地窗、冲洗阳台

43 施工进度管控

当装修工程开始进行时，最重要的就是把各项工程的施工时间掌控好。由于施工还得考虑到材料、人员的进出，以及具体的施工日程、与各施工方之间的衔接时间点，所以进度控管可算是一门大学问。

计划阶段

人员准备

装修设计

Day1-5

Day6-25

Day26-30

一般来说，装修进度掌控有6大重点，以下对这些重点进行进一步说明。

① **清点施工人数及材料**

② **每周定期开会掌握流程**

③ **设计备忘录**

④ **口头约定文字化**

⑤ **采购建材要注意进货时间**

⑥ **点工点料要自行协调进货时间**

掌握好各项工程的施工时间与进度，才能快速、省钱又精准地装修。
图片提供©尤哒唯设计

快省准小百科

连工带料
连工带料是将工程及建材采购都交由施工方全权负责，优点是省时又省事。但要是遇到有问题包工很可能会状况百出，所以除了要找到信任的施工方，还要在合约中注明建材品牌、规格等，这样才有保障。

点工点料
点工点料是将包工与建材分开发包及采购，其最大的优点是省钱，尤其是以天计资的包工方式大约可以省下三成的费用，但缺点是大大小小的事（包含工人做工的天数、建材的数量及规格清单等）都要自己来管，不适合工作忙碌的房主。

■ 进度管控重点

每天至少到现场监工1个小时，随时掌握工程追加及删除的项目，日后做加减账时才不会有争议。图片提供©朵卡设计

①清点施工人数及材料

工程管控包括了进场的人数有多少，送来的材料数量，如果房主无法天天到场，也应间接了解。

②每周定期开会掌握流程

房主应每周与设计师或施工方开1~2次的施工流程会议，检讨工作进度与内容。修改流程表时也要记得补上施工备忘录，才能精准地控制时间和成本。

③设计备忘录

如果委托专业设计师，房主应会拿到设计备忘录或是需求表，其中详细记载了空间需要或家具位置，可随时核对确认。

④口头约定文字化

将口头约定一一记载，此步骤是为避免房主、施工单位或设计师出现不认账的情况，也可防止因随便承诺而引起的不愉快。

⑤采购建材要注意进货时间

采购建材大约可分成自行采购以及代购两种方式，需注意的是进货的流程以及时间。而在购买产品之前，可委托施工方或设计师安排时间前往商店代为挑选产品。

⑥点工点料要自行协调进货时间

如果房主是以点工点料的方式来自行采购，那么时间当由房主或施工方来协调，并配合施工方的施工进度将材料运进场，如因材料不到位而拖延施工进度，房主将需要自负损失。

44 用监工表单照单操作

室内工程林林总总，应该如何监工，才能掌握重点？为避免浪费时间或监工不当，可将本书最末附录中的监工表单随身携带，以便于根据工程进度随时翻阅，不错过监工细节。

监工内容繁杂琐碎，包含拆除、砌砖、水泥粉刷、石材、瓷砖、卫浴、壁纸、电工、木工、厨房、油漆、地毯、窗帘等多种工程，建议依装修工序将表单整理罗列，再规划出每一表单重点。如此一来，能按事情的轻重缓急层次分明地处理，能更有效地掌握监工的每个细节。

■ 监工工程顺序

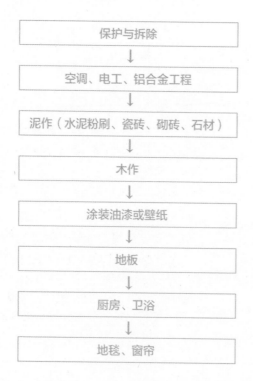

保护与拆除
↓
空调、电工、铝合金工程
↓
泥作（水泥粉刷、瓷砖、砌砖、石材）
↓
木作
↓
涂装油漆或壁纸
↓
地板
↓
厨房、卫浴
↓
地毯、窗帘

精 准 装 修 TIPS

监工要讲究不能将究
若是监工结果未符合标准，应由房主、设计师、施工方共同商榷出解决方法，工程若有更改，也需随时更新工程备忘录，避免因简单的口头承诺而出现争议。

计划阶段　人员筹备　裂缝设计　Day1-5　Day6-25　Day26-30

■ 工程监工检查重点

工程监工项目	检查重点
保护与拆除	施工前防护措施是否完整、拆除时间点、工序等。
水工	排水系统、PVC管、新旧管接合、冷热水预留间距等。
电工	施工人员证照、施工图、保护措施、配线绕线、电路预留等。
水泥粉刷	水电管线、门窗框检查、水泥品牌/型号/状态、垫高工程等。
石材工程	石材来源、破损瑕疵、纹路对花、防水收缝、支撑力、承重力等。
瓷砖	水平与垂直、尺寸、工序节奏、衔接工程、防水排水处理、水灰比例等。
砌砖	尺寸位置、勾缝处理、事前防水事后清理、有无对称等。
木工	施工图是否确认、防潮措施、素材是否有瑕疵、素材规格等。
铝合金工程	实物尺寸图形、门窗方向、表面检查、五金件、防水处理、伸缩边预留等。
轻钢架隔间	位置、开口、尺寸、钢材与结构、预留缝隙等。
厨房	安装人员认证与安全认证、安装前管线径、排油管状态、尺寸、散热装置等。
卫浴	水电图确认、设备清点、进水状态、防水度、支撑力、收边等。
涂装	油漆色号正确性、墙面状态、补土补缝、收边防护、染色剂等。
壁纸	墙面壁癌与平整度、施工前检查、胶料、防霉处理、对花、收边等。
地毯	收边、位置、平整度、布胶措施、是否贴合、防火标志等。
窗帘	布样确认与尺寸、车缝线、轨道、防潮处理、地面防护等。

45 验收工作的执行重点

验收的方式最好是边做边验收，因为工程是阶段进行，有问题可随时解决，但在搬进去前还是要进行总验收，才能安心入住。总验收要依工程特性进行验收，这样才能确保品质。

装修工程最令人困扰的就是入住进去后，工程还是收不了尾，不但无法与设计师或施工方理清责任归属，还会影响生活品质。验收前到底该准备什么呢？怎样验收才能合理呢？

掌握施工流程与实际范围

装修工程好比是接力，如果上一项工程没有做好收尾就可能会影响下一个工程的进行，每项工程完成后，都要做好验收。

验收时手边应该要有平面图、立面图以及施工剖面图等监工图，图面上应清楚标示施工范围，例如水电开关、插座位置与高度等，验收时才能比对实况。不管是标示在图面还是列在估价单上，验收时都要有清楚的施工尺寸及材料说明，这样才有依据。

了解施工内容彻底检查

要有详细施工规范的说明，例如地板在铺设时需加什么尺寸和材质的角线，或者浴室的防水处理等，不管是直接标示在设计图上还用文字说明皆可。通常这类文件在合约签定时就要求设计师或施工方标示清楚，验收时才能更清楚。

清洁工程完成后，务必要作最后一次总验收，确认使用起来没有问题，不需要急着一天就完成总验收，可以多花点时间逐项工程及每个空间做好验收。自己验收完后，先将验收不通过的部分列出，再请设计师或施工方过来重新验收，确定改善的方法及责任归属。

精准装修 TIPS

验收完成再付尾款

什么时候才能将尾款付给设计师或施工方？建议在完成验收后，让设计师或施工方就验收不通过部分修复完成后再付尾款，这样才能够保障自身的权益。

■ 不可不做的**装修总验收**

房子装修完毕可不要急着搬进去住，先仔细验收，可避免人住进去后一些大小问题的发生，给生活造成困扰。当然装修过程中最好能有时间监工，实在没有时间，做完时的验收就绝对不能少。但是，刚装修好的房子，看起来都很不错，到底要如何验收？这里整理了验收前后的重要工程项目，可逐项清点检查，将缺失之处、改善意见、后续改善情况及最后结果一一记录。

■ **总验收**项目整理

项目	验收重点
验收文件	各式施工图、报价单、说明书、保修单等。
木作工程	木地板、木皮、墙面造型、装饰线板完整度、柜子等。
涂装工程	腻子平整性、瑕疵痕迹、打底工作、喷漆、壁纸对花、缝隙等。
瓷砖工程	平整度、贴齐度、缝隙、缺角裂痕、是否有空心砖。
水电工程	核对管线图设计图、插座数目位置、安全设备、漏水情况、管路畅通等。
铝合金门窗工程	是否符合设计图、开关平顺度、隔音、尺寸确认、密合度等。
五金工程	抽屉抽拉平顺度、五金是否符合设计图。
窗帘工程	款式尺寸确认、平整性、装设是否有瑕疵、是否对花等。
其他工程	所有门窗开关是否平顺、防撞防滑工程是否彻底、材质填缝平整度、隔热防漏等。

■ 不快、不省、不准装修囧途状况剧四

完成装修之后，感觉跟当初说的好像不太一样……

插画提供©Left

Step 12

布置属于你的家

46 找出与你家最相配的家具

找出适合你家及你个性的家具，同时列出采购清单有效控制家具预算；了解家具尺寸，学会家具配置。这样可以让你快速找到对的家具，让家更有型！

家具在居家中扮演着极重要的角色，不仅因为家具的选择关系着使用功能，合适的家具尺寸会让生活更舒适，而且还因为家具的风格能左右家的风格。如果你特别钟情古典的细致及优雅，那么有着优美线条及弯腿椅脚的洛可可风古典家具，或是雕花精细的巴洛克风家具，就可以营造出属于古典的华丽气息；若是想打造充满自然气息的田园风居家，那以实木为主要材质的乡村风家具是一定要具备的。尽管家具设计千变万化，但有时一眼看中就买回的家具，真的适合你吗？如何依自己的个性找到适合自己居家风格的家具？

不妨来做个小测验，让自己进一步了解适合自家的家具类型。

计划阶段

人员准备

裁缝设计

Day1-5

Day6-25

Day26-30

图片提供©大湖森林设计

精准装修 TIPS

采购家具的理性与感性

理性采购者，采买家具时，较注重功能性、实用性和耐久度，同时对于金钱也有诸多考虑，观感美感较弱；感性采购者容易被家具的造型外观吸引，或追随某种当下流行的风格，在日后容易觉得不耐看、不实用而反悔。

■ 家具偏好**性格小测验**

面对家具的挑选，究竟只是一时喜欢，还是真正适合自己？以下问题，将能帮你逐步理清你对于家具的偏好。请用直觉选出最符合你想法的选项！

Q1 客厅是门面也是品味象征，如果你拥有45平方米大的客厅时，你会选择下列哪一组沙发？

图片提供©乐沐制作

A 布质沙发
B 皮质沙发
C 特殊设计感的名家作品
D 原木座椅

Q2 如果有机会更换你家餐厅的桌椅，你会选择下列哪一组风格的餐桌椅？

图片提供©乐沐制作

A 精致餐桌椅
B 简单但具特殊功能的功能桌椅
C 温馨的餐桌椅
D 特殊创意作品

Q3 如果有一天你即将迈入礼堂跟另一半共度人生，你会选择什么样的床在主卧营造你想象中的新房？

图片提供©乐沐制作

A 具欧洲风情的原木床架&家具
B 特殊的金属床架&家具
C 东南亚风情的床饰
D 简单温馨的单一色系家具

Q4 若有一天你家多出一间房，你会用来做什么？

图片提供©乐沐制作

A 娱乐室或预备的儿童房
B 接待亲友的客房
C 书房
D 独立储藏室

Q5 阅读代表深度与知性，若你有机会打造你家书房，你会选择什么样的设计？

A 古朴沉静的原木风格设计

B 简约风格的设计

C 隔音完善、功能齐全的设计

D 舒适休闲可坐可卧的设计

图片提供©乐沐制作

Q6 椅子承载人体重量，却也拥有属于自己的姿态，若可以的话，你最想拥有一张什么样的属于自己的单椅？

A 可以旋转或摇动的座椅

B 古意盎然的实木太师椅

C 坐卧都慵懒的贵妃椅

D 前卫创新的个性单椅

图片提供©尤哒唯建筑师事务所

Q7 室内照明不止能够营造空间气氛，灯具的呈现会左右了整个家的氛围，若是你会选择什么样的灯具搭配呢？

A 利落简单的现代照明

B 古典灿烂的华丽照明

C 名家品牌灯饰

D 温暖质朴的居家照明

图片提供©大湖森林设计

Q8 布艺抱枕是最容易也最简单的空间氛围装饰品，若是你会选择什么样的布艺呢？

A 色彩缤纷具有童趣的枕垫组

B 带绣花的乡村风抱枕

C 各式创意抱枕

D 素色印花抱枕

图片提供©天涵设计

Q9 面对梦想中的开放式厨房设计，你会选择什么样的
风格进驻你家呢？

A 晶亮金属感的现代风设计
B 充满食物香气的乡村风格
C 水泥、石材等质朴原始风格
D 清爽的北欧风格

图片提供©尤哒唯建筑师事务所

Q10 如果有一天你可以完全打造你家浴室，你会选
以下哪一种风格呢？

A 清爽易清理的简约风格
B 色彩缤纷明亮的欧式风格
C 华丽浪漫的经典风格
D 特殊收纳家电合一的多功能风格

图片提供©天涵设计

■ 分析结果

从Q1~Q10的选项对照下表后，将分数加总，即能从下页中找出你的分析结果。

	Q1	Q2	Q3	Q4	Q5	Q6	Q7	Q8	Q9	Q10
a	0	1	3	2	3	0	1	0	2	0
b	2	0	1	3	0	1	3	2	1	1
c	3	2	2	1	2	2	0	3	3	3
d	1	3	0	0	1	3	2	1	0	2

7分以下
■ 极简风格型家具最适合你

极简主义（LessIsMore）是德国著名建筑师密斯·凡·德罗（MiesVanderRohe）的建筑设计哲学，主张一切要精简到极致，只保留最精华的部分，表现色彩和其他元素的组合，不需要过分强调材料的变化，真实地呈现物体本身的意义，使所有都回到原点与本质的设计，深深影响了20世纪的建筑思维。

你的个性中就有着不喜欢拖泥带水，凡事讲求简单明白的偏好。因此，在家具选择上，最让你百看不厌的，多半会是简单不多矫饰的物件。虽然少了细部雕饰，但却有着简单外形，色彩和谐不抢戏，黑白原色或是灰色、米黄色及代表科技感的银色等。极简风格的家具不带细部图纹，讲求内蕴而单一的视觉特点，会是你能钟长久爱的选择。

8~15分
■ 实用功能型家具最适合你

你的个性中带有务实、理性的一面，虽然"家"对你而言有着举足轻重的地位，但面对家具的挑选购买，与其说你重视经济实惠，倒不如说你较强调一分钱一分货的道理。讲究"人体工学"的实用功能型家具会是你挑选时偏爱的选项，这方面的设计不但将人的行为模式一并考虑进去，还更重视产品的多功能用处，以展现出设计的深度哲学。

例如L型沙发椅面长度可随意增减、移动式桌几、椅背角度可调整、床架下方兼具收纳功能等，让室内因家具的变换而有不同的面貌。而在家具素材上的选择，比起昂贵但易破损的天然材质，你更着重于使用功能，如防水防潮、耐刮等，因为家是一辈子的，由于你经常把价格、价值、使用期限等一起评估，具备实用性的功能性家具或附带小功能的家具会是你最倾向的选择。

16~22分
■ **经典原味家具**最适合你

你的思绪灵活，个性中有着多变的基因，喜欢接受各种挑战，而家的定义，对你来说，就是避风港，无论在外打拼多久、流浪多久，只有回到家里，你才能回归你的本心自在呼吸。因此，尽管你也求新求变，但潜意识中某些孩提时的回忆在你心中总保有重要位置，经典、不随时间改变的物件，才是你内心最爱的家具选择。

所谓经典、耐用耐看型家具，往往较多使用原木、天然材质，而且厚实的木头质感，使空间呈现一种温暖的怀旧气氛，同时也可能是一种地区特质的呈现，例如法式乡村风、地中海风、东南亚风、意大利式乡村风、西班牙式以及美国式乡村风等，并善用天然建材呈现原始自然温馨感，而木头上刻意的染白或是其他仿古的处理，也是特色之一，其用意是要强调一种岁月的痕迹，以及古旧的效果，再搭配一些布艺及灯饰，将更添空间氛围。

23分以上
■ **优质设计家具**最适合你

所谓的家，就是属于自己的小小王国，厌倦了在外身不由己的交际模式，回到了家卸下了面具，你就是自己的主人。如果你倾向于华丽、辉煌、生机蓬勃的居家风格，或许以华丽细致为特色的名家设计家具，往往会是你的选择。

这样的家具无论在什么样的空间，只要摆上一件，便是空间里的焦点。他们的花纹华丽精美，金箔贴片、描金涂漆等手法的运用也很常见，会令人联想起一幅华美的欧洲宫廷画。

无论是巴洛克式家具、洛可可式家具、新古典家具等，你重视的不只是整体，更是细节，细细品味着家里的每个角落，就是你追求的美好生活。

47 四大空间家具配置

每个空间功能都不同，该怎么摆家具、又该摆什么家具呢？不妨从室内的空间特性，以及格局形状判断。不只要把家具摆对，更要摆得好、摆得有姿态，可从以下四大空间家具配置法则着手！

依空间功能而言，室内共可以分为客厅、餐厅、书房及卧房，每个空间所需的家具也不同。比如客厅主要家具为沙发、单椅和电视柜，餐厅最重要的当然是餐桌椅，书房则以书柜和书桌为主，卧房常见的家具不外乎床和衣橱。

另外，每个空间格局形状不同，也会影响家具的摆放方式及家具与家具之间的距离，一般空间常见的形状为横向、直向、正方形及不规则形空间。在规划家具摆放时，可依面积及格局的形状特性做调整，让家具不仅可以展现空间风格个性，还能满足空间的使用功能。

四大空间×核心家具配置

客厅区域
横向空间
直向空间
正方形空间
不规则空间
核心家具：沙发×单椅×电视柜

餐厅区域
横向空间
直向空间
正方形空间
不规则空间
核心家具：餐桌×餐桌椅

卧房区域
横向空间
直向空间
正方形空间
不规则空间
核心家具：衣柜×斗柜

办公区域
横向空间
直向空间
正方形空间
不规则空间
核心家具：长桌×办公椅×书柜

精准装修 TIPS

反差与对比更具风格
沙发和单椅的材质和造型要有对比和反差，才能制造空间中的律动与视觉效果。

养宠物要注意材质选择
若家中有养猫，最好舍弃皮革沙发，尽量选择塑胶类或绒布、麂皮制的家具，改以皮制的抱枕加以点缀。

■ 添购家具不败重点

①掌握家具尺寸

家具和家具之间的摆放距离，主要是依人活动及使用的范围而定。距离太近，容易产生碰撞；距离太远使用起来不方便。可以参考一般家具的距离建议表，避免因买错家具而影响空间动线的流畅性。

②列出采买预算

同时列举出居家空间中的家具项目及预算分配比例，无论有多少储蓄，建议你按此比例，即可轻松估算出各个空间所需的家具费用，当然也可依照对居家空间的需求，自行调整成适合的预算比例。

③列出采购清单

着手采购家具之前，一定要了解自己需要什么。可依照居家空间的不同属性，列出各项家具的明细及辅助配件，准确估算所需费用，才不让漏买任何一件家具，错花一分钱。

居家基本家具分配比例

空间	家具配备	分配比例
客厅	3＋2＋1沙发	30%
卧房	床架＋床垫＋寝具	35%
餐厅	餐桌＋4餐椅	20%
书房／工作室	工作台＋工作椅	10%
其他		5%

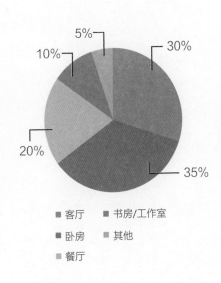

■ 客厅　　■ 书房/工作室
■ 卧房　　■ 其他
■ 餐厅

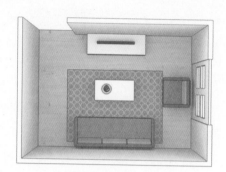

客厅区域

横向空间

直向空间

正方形空间

不规则空间

核心家具：沙发×单椅×电视柜

■ 横向空间

重点①　沙发与茶几、茶几与电视柜的动线走道宽度最好能在60厘米以上。

重点②　茶几大小不宜太大，茶几与沙发的距离不宜太近，最少要有25厘米。

重点③　当垂直深度空间不够时，选择长形的茶几为佳。

重点④　单椅可放置在左右两侧，但如果左侧是门的入口，最好不要摆放单椅。

重点⑤　若有通往阳台的出入口，则不适合摆放L型沙发。

重点⑥　空间不大时，可以边几取代茶几，以一字型沙发搭配躺椅或两张单椅。

重点⑦　沙发深度建议以85～95厘米为佳。

■ 直向空间

重点①　横向空间翻转90度就类似直向空间，唯不同的是入口处，因此大致原则与直向相同，在入口不要摆放单椅及沙发。

重点②　茶几可选择有轮子的款式，方便移动还能当作脚椅。

重点③　电视柜不要放背光处和动线处。

重点④　体积小的单椅可放在靠动线处。

重点⑤　若空间许可要摆放贵妃椅，建议放在窗前，并可搭配两人或三人沙发，但最好保留30厘米以上的距离。

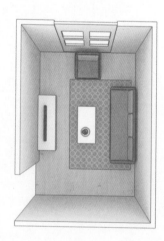

小面积空间

沙　发｜标准三人沙发210厘米宽，深度在90厘米或以下。
单　椅｜以深度80厘米以下为主，形式以圆形为最佳。
电视柜｜210厘米宽为标准尺寸，可依空间大小随机缩减。

大面积空间

沙　发｜深度可挑选90~110厘米，宽度则不受限。
单　椅｜尺寸不拘，空间足够也可搭配单椅靠脚垫。
电视柜｜适合270厘米宽以上，可依空间大小随机挑选。

■ 正方形空间

重点①　如果空间允许可尝试排列U字形沙发空间。
重点②　单椅可随意更换位置，避免挡住动线即可。
重点③　茶几建议选择方形款式。
重点④　可选择L型沙发，如家中客人多，选择321沙发。
重点⑤　电视和沙发若是面对面或斜对摆放，可选L型沙发搭配电视柜。
重点⑥　单椅、单人沙发和长型沙发可以三角形的方式摆放。
重点⑦　单椅或单人沙发可稍微跨出客厅空间的框线，以拉长客厅空间感。

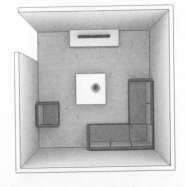

■ 不规则空间

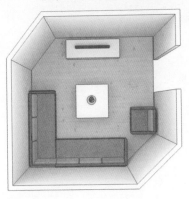

重点①　最好选可以自由排列组合的沙发。
重点②　如果不规则为长扁型空间，可以选择L型沙发或两人沙发搭配。
重点③　长型茶几比较适合不规则空间。
重点④　单椅不见得需要，必要时可拉出组合式沙发当单椅用。
重点⑤　利用内凹处摆放单椅或边柜，让畸零空间不被浪费。

插画提供©喻喜设计

餐厅区域

横向空间

直向空间

正方形空间

不规则空间

核心家具：餐桌×餐桌椅

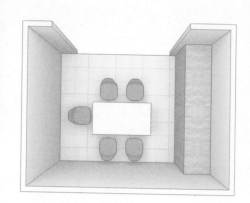

■ 横向空间

重点① 餐桌可横向摆设，让视觉上有拉宽空间的感觉。

重点② 可选择长餐桌拉长比例，延伸空间宽度并打破梁柱的限制。

重点③ 需注意椅子拉开后的距离，若后面为通道要距离130～140厘米，不需走人距离约为90厘米。

重点④ 从桌沿至墙壁最好能有70～80厘米的深度空间，100～110厘米的距离最为舒适。

重点⑤ 餐边柜与餐桌间开抽屉或开关门，都要注意距离。

■ 直向空间

重点① 可利用餐桌加强其深度视觉感，但要注意餐边柜与餐椅间须保持一定距离。

重点② 可选长桌搭配中岛或吧台，若空间过长，可选能缩短距离的圆桌。

重点③ 餐桌长度以190～200厘米为佳，可同时作为工作桌使用。

重点④ 餐椅可固定放四张在餐桌处，两张则可备用。

重点⑤ 餐椅可选择不同风格但以不超过两种为限，变化中又不失稳定感。

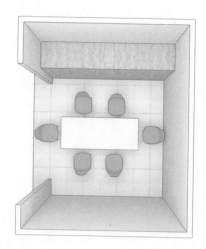

小面积空间

餐　桌 | 可选择90厘米×90厘米的尺寸，或伸缩款餐桌。

餐　椅 | 可挑选折叠式款，让小面积空间更好运用。

大面积空间

餐　桌 | 可选择90厘米×160厘米标准规格或以上。

餐　椅 | 挑选可显大器感的款式。

■ 正方形空间

重点① 建议空间大使用长桌，空间小则使用圆桌。

重点② 餐桌也可选购更加长形的款式，将6人座增加为8人座。

重点③ 餐椅与墙面或餐边柜的距离为130～140厘米较佳。

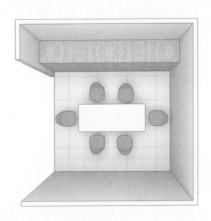

■ 不规则空间

重点① 将餐桌呈45度角摆设，虽然会有点浪费空间，但却能打破传统的餐桌椅摆设方式，让空间看起来更灵活多变，把缺点转变成优点。

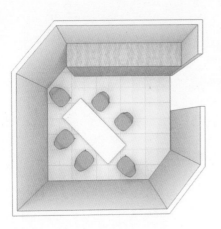

插画提供©喻喜设计

169

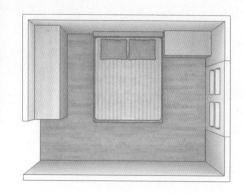

卧房区域

横向空间

直向空间

正方形空间

不规则空间

核心家具：床×衣柜×斗柜

■ 横向空间

重点① 床头不要对窗。

重点② 依床与衣柜间的走道空间决定衣柜开门方式，平开门衣柜和床的距离约60厘米，推拉门衣柜和床的距离约45厘米。

重点③ 床架、衣柜、斗柜建议分散置放于三面墙。

重点④ 斗柜的高度在90～110厘米为佳。

重点⑤ 斗柜可摆放在窗台前，但要不遮挡光线。

重点⑥ 斗柜的尺寸不用量得刚刚好，制造留白美感。

重点⑦ 可在床边角落摆放主人椅，便于阅读或看电视。

■ 直向空间

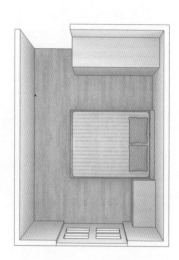

重点① 衣柜与床架的对应位置与横向空间雷同。

重点② 床架与衣柜、斗柜间的走道空间，最好保留60～70厘米宽距。

重点③ 斗柜不建议放床尾，若要放床尾处，必须留意柜体的厚度，以轻薄为准。

重点④ 若是将过高或过矮的斗柜兼作电视柜，都会造成卧躺在床上看电视时的不适感，高度可矮一点。

重点⑤ 较高、较深的斗柜，不适合放床的两边。

重点⑥ 斗柜也可45度角摆放，有利于增加空间趣味性。

小面积空间

衣　柜 | 标准4门衣柜尺寸为210厘米左右，如空间不足则有更小可挑选。

斗　柜 | 尺寸多元、选择也较多，可以视空间条件选配。

大面积空间

衣　柜 | 可从210厘米开始加长，若空间足够也可挑选L型衣柜。

斗　柜 | 尺寸多元、选择也较多，可以视空间条件选配。

■ 正方形空间

重点① 空间大时，可将衣柜放在床架正前方，五斗柜配置在床架的左右两侧。

重点② 正方形空间只要不是太小，家具并不难配置，但这样的空间可能不适合放置单椅。

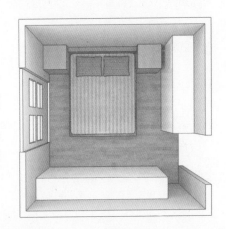

■ 不规则空间

重点① 较正方的不规则空间，配置原则与正方形空间接近。

重点② 狭长形的不规则空间，需把衣柜设定于左右两侧为佳，柜与床架间的距离不要小于60厘米宽。

重点③ 在空间不允许的情况下，不建议买斗柜。

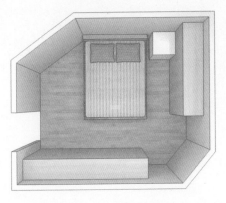

插画提供©喻喜设计

办公区域

横向空间

直向空间

正方形空间

不规则空间

核心家具：长桌×办公椅×书柜

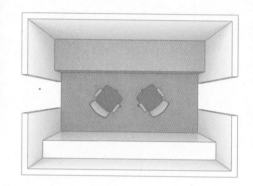

■ 横向空间

重点①　注意桌与书柜的距离，最好保持在120厘米以上的动线。

重点②　工作用的书桌要够大，至少深度要有70厘米，可靠墙摆放并面向采光。

重点③　休闲用的书桌高度可稍低，但不得低于72厘米，可放置在中间。

重点④　书柜可设计在书桌后方，亦可在书桌上方添购小型书架。

重点⑤　书柜可选择35厘米深的尺寸，也可使用双排的书柜增加收纳空间。

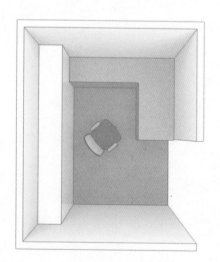

■ 直向空间

重点①　坐的方向不要背门，也就是椅背不要对着门。

重点②　以L型书桌为主要配置，L型的书桌一般可以为70～80厘米深，空间不足时可缩小为45厘米左右。

重点③　若摆放长型书桌，建议不要靠墙放置。

小面积空间

书　桌｜深度不要超过70厘米，宽度在150厘米以内。
办公椅｜市售种类多，以舒适符合空间即可。
书　柜｜一般宽度约160~240厘米。

大面积空间

书　桌｜深度在70~80厘米均可，宽度依空间大小选择。
办公椅｜市售种类多，以舒适符合空间即可。
书　柜｜一般宽度约160~240厘米，空间许可下可多买几
　　　　组同类型款式搭配。

采购 TIPS

注意材质承重

如果收藏的书多，尽可能不要
买简易书柜，因塑合材质不耐
重，建议选择以实木或木芯板
为材质的书柜。深度35~40
厘米较佳。

■ 正方形空间

重点①　适合放L型书桌，使用面积较大。
重点②　若摆放长型书桌可置放于中间。
重点③　书柜深度在35~40厘米较好。
重点④　若书房内要放置沙发床，可在沙发
　　　　　床前置放一个可活动的小边几。
重点⑤　沙发床的摆放位置应与动线平行，
　　　　　才不会浪费空间。
重点⑥　摆放沙发床时必须预留摊开的长
　　　　　度，大约200厘米为佳。

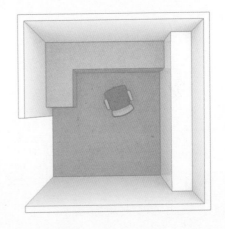

■ 不规则空间

重点①　柜体最好采取量身定做的方式，以
　　　　　配合空间形体来规划，在间距方面
　　　　　只要按前述说明规划，就可以获得
　　　　　良好的空间配置。

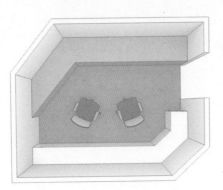

插画提供©喻喜设计

■ 10种家具间的**适当距离建议表**

①行走动线（家具之间或前后）80厘米以上。
②沙发和茶几间距离80厘米以上。
③客厅边桌与沙发扶手的距离7~10厘米。
④桌子底下可以伸脚的深度35厘米以上。
⑤桌子底下可以伸脚的宽度60厘米以上。
⑥桌巾裙摆与膝盖高度的距离16~24厘米。
⑦桌子摆设的背景空间80厘米以上。
⑧橱柜开关抽屉的基本空间8厘米以上。
⑨房门的高度200厘米以上。
⑩房门开关所需的弧度空间（与房门宽度相当）86厘米（半径）以上。

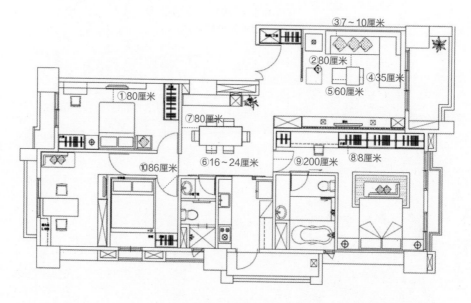

如果家庭成员体格较硕大或较娇小，可以适当调整距离。

■ **不快、不省、不准**装修囧途状况剧五

家具没有依照真正的需求挑选，怎么摆都不对……

NG!
收纳空间应用心规划，才不会让家具大而无用。

布沙发虽然经济实惠，但不适合有宠物的家庭啊……

五斗柜的抽屉被卡住，只能使用半边……

NG!
购买家具前应了解自家本身的条件与需要。

哈啾哈啾！
毛好多啊…

插画提供©Left

阶段性任务验收清单

恭喜您完成阶段性任务！为避免有遗漏的部分，
请依照下列问题指示，明确验收阶段性任务。

1. ☐ 已了解施工方的标准装修流程

2. ☐ 已了解施工的进度控管（请确认以下细项）

- ●施工人数及材料清点
- ●已拥有设计备忘录并确定记录
- ●与施工方的口头约定已确定文字化
- ●可自行协调进货时间

3. ☐ 已备好监工表单

4. ☐ 已准备好验收前工作（请确认以下细项）

- ●已掌握施工流程
- ●已准备好验收施工图
- ●有详尽的尺寸材料说明
- ●已了解各项施工内容
- ●已自行验收完毕

5. ☐ 已选定适合的家具

6. ☐ 已了解家具配置

7. ☐ 已确定家具尺寸及价格